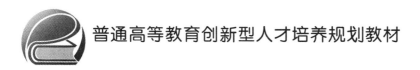

普通高等教育创新型人才培养规划教材

控制系统仿真与实践 案例式教程

王玲玲　梁　勇　李瑞涛　编著
王　宏　胡　慧

U0245529

北京航空航天大学出版社

内 容 简 介

本书的适用对象为高等院校控制类专业本科高年级学生,是其进行控制系统仿真与实现的入门级实践性教材。全书共两篇:第一篇为控制系统建模与仿真,通过阐述系统模型,应用控制理论中常用的控制方法进行设计与仿真;第二篇为测控系统设计与实现,以单片机作为处理元件,通过电路设计及软件编程完成控制系统的设计与实现。

图书在版编目(CIP)数据

控制系统仿真与实践案例式教程 / 王玲玲等编著
. -- 北京 : 北京航空航天大学出版社,2017.4
 ISBN 978-7-5124-2404-3

Ⅰ.①控… Ⅱ.①王… Ⅲ.①自动控制系统—系统仿真—高等学校—教材 Ⅳ.①TP273

中国版本图书馆 CIP 数据核字(2017)第 078503 号

控制系统仿真与实践案例式教程

王玲玲　梁　勇　李瑞涛
王　宏　胡　慧 　编著

责任编辑　王慕冰

*

北京航空航天大学出版社出版发行

北京市海淀区学院路 37 号(邮编 100191)　http://www.buaapress.com.cn
发行部电话:(010)82317024　传真:(010)82328026
读者信箱:goodtextbook@126.com　邮购电话:(010)82316936
北京泽宇印刷有限公司印装　各地书店经销

*

开本:710×1 000　1/16　印张:11.5　字数:245 千字
2017 年 4 月第 1 版　2017 年 4 月第 1 次印刷　印数:3 000 册
ISBN 978-7-5124-2404-3　定价:25.00 元

前　　言

自动控制科学是在不断的工程实践过程中发展起来的,工程知识的认知过程是从具体到抽象,工程师的知识体系和能力结构源自于社会生产实践的实际需求,因此控制类专业本科教育更应注重实际体验和实践训练,由此设立了"控制系统课程设计"这门课程。该课程作为控制类专业本科生的一门综合实践训练课程,一般在第六或第七学期末开设。该课程设置在学生学完专业课之后,在毕业设计之前,是学生综合运用所学专业理论知识进行实际应用的一个转折性过程,对于加深所学理论知识的验证和理解,培养工程实践和创新能力起着十分重要的作用。

然而,控制系统课程设计选题范围较广,设计任务量较大,长期以来缺少固定教材,使得教学效率较低。为此,编者基于常见的实验室控制平台和竞赛活动,围绕自动控制理论教学内容,以任务驱动的理念组织构建了不同的课程设计实施项目,编写了这本教材。在撰写过程中,我们认为自动控制的研究和教学目前可以分为三个大的方向,即控制理论与仿真、控制技术与实现、检测与测试技术。本教材分为仿真和实现两篇,共 7 个课题,分别对其进行讲解。

本书的适用对象为高等院校工科高年级学生,读者应具备控制理论、自动检测技术、单片机原理等课程的基础知识。本书共分两篇:第一篇为控制系统建模与仿真;第二篇为测控系统设计与实现。其内容概括如下:

第 1 章阐述直线一级倒立摆控制系统的建模与仿真,并详细给出了常用的控制算法,如 PID、LQR 的基本原理及参数调试方法。

第 2 章介绍磁悬浮球控制系统的分析与设计,主要采用的方法有根轨迹校正、PID 控制及模糊 PID 控制。

第 3 章针对直立式机器人的平衡控制进行建模、分析,并采用倾角信号进行 PID 闭环控制参数调试,同时对实物中的角度测量和控制给出分析。

第 4 章分析三自由度直升机系统的俯仰、横侧和旋转三个通道的模型,对其中的俯仰、横侧旋转通道设计 PID 控制器和 LQR 控制器。

第 5 章为温度控制系统的设计,根据设计任务,从电路设计、仿真、制作、软件设计及系统调试等方面给出了详尽的步骤。

第 6、7 章为智能车设计,其中第 6 章中路径信息采集传感器为激光头,第 7 章中路径信息采集传感器为摄像头,针对相同的设计任务,给出了各自的机械设计、硬件设计、软件设计与调试的步骤。

　　本书强调实际应用和操作,对于基础性部分,均给出了详尽的理论分析,以帮助读者较快地适应每个对象;对于设计性部分,给出了全部的电路设计和关键部分的程序设计。此外,本书章节独立,每一章中涉及的模型和系统都是控制理论中常见的被控对象,读者可以在熟悉研究对象之后,进行更深入的研究,因此本书是进行控制系统仿真与实现的入门级实践性教材。

　　当然,控制的对象千千万万,控制的方法不胜枚举,而本书所选取的对象和方法仅仅是沧海一粟。因此,一方面如果学生能通过这样一本教材,以书中所述对象为平台,系统地掌握各种控制对象下的理论与技术,无疑对其后续专业的拓展和专业能力的提升大有裨益;另一方面,借助于本书,将每一届的成果积累并延续到下一届,并且在教学工作中不断地添加新的内容与课题,以期再版时本书会更加丰富实用。

　　本书的撰写与出版得到了学校各级部门的支持,教研室奋战在教学一线的各位同仁也对本书提出了很多宝贵的意见和建议,同时还要感谢很多研究生对本书相关资源的无偿奉献。非常感谢北京航空航天大学出版社的大力支持,才能使本书在第一时间与读者见面。

　　由于编者水平所限,加之时间仓促,书中难免存在不妥之处,恳请广大读者批评指正,联系方式为 lingling0711@163.com。

编　者

2016 年 10 月于烟台

目　　录

第一篇　控制系统建模与仿真

第二篇　测控系统设计与实现

第一篇 控制系统建模与仿真

本篇选取若干控制系统,对其进行建模,而后采用常见的控制方法进行仿真与验证,实现系统的平衡控制。

第1章 直线一级倒立摆控制系统

1.1 倒立摆的基本组成

直线一级倒立摆控制系统包含倒立摆本体、电控箱及由运动控制卡和普通 PC 机组成的控制平台三大部分。直线倒立摆本体由基座、交流伺服电机、导轨、皮带、滑杆、摆杆、角解码器、限位开关等组成。其中伺服电机是控制系统的执行机构,在运动过程中通过导轨驱动小车在滑杆上来回运动,保持摆杆平衡;电机编码器和角解码器属于测量组件,运动控制卡和伺服驱动器用于反馈小车和摆杆的位置(线位移和角位移)。直线一级倒立摆示意图如图 1-1 所示。

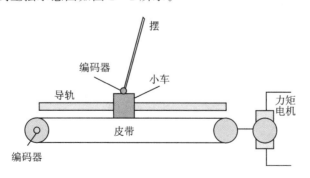

图 1-1 直线一级倒立摆示意图

直线一级倒立摆控制系统硬件框图如图 1-2 所示,光电码盘Ⅰ由伺服电机自带,可以根据该码盘的反馈通过换算获得小车的位移,小车的速度信号可以通过差分得到。摆杆的角度由光电码盘测量出来并直接反馈到控制卡,角度的变化率信号可以通过差分得到。计算机从运动控制卡中实时读取数据,确定控制决策(电机的输出力矩），并发送给运动控制卡，运动控制卡经过 DSP 内部的控制算法实现该控制决策，产生相应的控制量，使电机转动，带动小车运动，保持摆杆平衡。

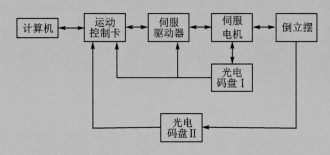

图 1-2　直线一级倒立摆控制系统的框图

　　小车摆杆部分是一个典型的多变量强耦合非线性被控对象，其不稳定状态表现为振荡发散或突然倒下，控制的目的就是保持摆杆在竖直位置的平衡。

1.2　倒立摆系统的建模

　　倒立摆系统本身是自不稳定系统，无法通过测量频率特性的方法获取数学模型，因

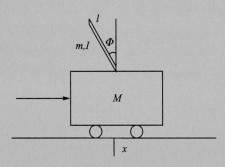

图 1-3　直线一级倒立摆物理模型

此实验建模存在一定的困难。但是忽略一些次要的因素后，它就是一个典型的机电一体化系统，即机械部分遵守牛顿运动定律，电子部分遵守电磁基本定律。为了简单起见，在建模时忽略系统中诸如空气阻力、安装伺服电机而产生的静摩擦力、系统连接处的松弛程度、摆杆连接处质量分布不均匀等因素。建模时，将小车抽象为质点，摆杆抽象为匀质刚体，摆杆绕转轴转动，如图 1-3 所示。下面采用牛顿力学方法建立直线一级倒立摆系统的数学模型。

　　系统中的物理量做如表 1-1 所列的假设。

表 1-1　系统物理参数

符　号	代表含义	实际值
m_c	小车质量	2.16 kg
m_p	摆杆质量	0.32 kg
f	小车摩擦系数	0.22 N·m^{-1}·s^{-1}
l	摆杆转动轴心到杆质心的长度	0.20 m

续表 1-1

符　号	代表含义	实际值
I	摆杆惯量	$0.01\ \text{kg}\cdot\text{m}^2$
F	加在小车上的力	
x	小车位置	
ϕ	摆杆与垂直向上方向的夹角	
θ	摆杆与垂直向下方向的夹角（摆杆初始位置为竖直向下）	

根据图 1-4 分析小车水平方向受力，得到以下方程：

$$m_c\ddot{x} = F - F_n - N \tag{1-1}$$

式中：F 为小车所受外力；F_n 为小车水平方向阻力，且 $F_n = f\dot{x}$；N 为小车与摆杆相互作用力的水平方向受力。

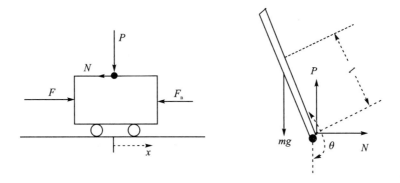

图 1-4　小车及摆杆受力分析图

分析摆杆水平方向受力，得

$$N = m_p\frac{\mathrm{d}^2}{\mathrm{d}t^2}(x + l\sin\theta)$$

对上式求导有

$$N = m_p\ddot{x} + m_p l\ddot{\theta}\cos\theta - m_p l\dot{\theta}^2\sin\theta \tag{1-2}$$

将式(1-2)代入式(1-1)中，得到系统的第一个运动方程：

$$(m_c + m_p)\ddot{x} + f\dot{x} + m_p l\ddot{\theta}\cos\theta - m_p l\dot{\theta}^2\sin\theta = F \tag{1-3}$$

分析摆杆垂直方向的合力，可以得到

$$P - m_p g = m_p\frac{\mathrm{d}^2}{\mathrm{d}t^2}(l\cos\theta)$$

式中：P 为小车对摆杆竖直方向的作用力。同理，将微分展开后有

$$P - mg = -ml\ddot{\theta}\sin\theta - ml\dot{\theta}^2\cos\theta \tag{1-4}$$

摆杆同时还要满足力矩平衡方程：

$$-Pl\sin\theta - Nl\cos\theta = I\ddot{\theta} \tag{1-5}$$

联立式(1-4)和式(1-5),约去 P 和 N,得到系统的第二个运动方程:

$$(I + m_p l^2)\ddot{\theta} + m_p gl\sin\theta = -m_p l\ddot{x}\cos\theta \tag{1-6}$$

根据上述变量的假设,ϕ 是摆杆与垂直向上方向间的夹角,θ 是摆杆与垂直向下方向间的夹角,有 $\theta = \pi + \phi$。而在实际调试中,ϕ 为小量偏角,即可以将其当作无穷小量,从而实现线性化。于是在 ϕ 为小量的前提下,有 $\cos\theta = -1, \sin\theta = -\phi, (\dot{\theta})^2 = 0$。

另外,经过线性化后,用控制量 u 来代替被控对象的外力 F,则式(1-3)和式(1-6)两个方程如下:

$$\left.\begin{array}{l} (I + m_p l^2)\ddot{\phi} - m_p gl\phi = m_p l\ddot{x} \\ (m_c + m_p)\ddot{x} + f\dot{x} - m_p l\ddot{\phi} = u \end{array}\right\} \tag{1-7}$$

对式(1-7)进行零初始条件下的拉普拉斯变换,得到

$$\left.\begin{array}{l} (I + m_p l^2)\Phi(s)s^2 - m_p gl\Phi(s) = m_p lX(s)s^2 \\ (m_c + m_p)X(s)s^2 + fX(s)s - m_p l\Phi(s)s^2 = U(s) \end{array}\right\} \tag{1-8}$$

当输出为角度 ϕ 时,求解式(1-8)中的第一个方程,可得

$$\frac{\Phi(s)}{X(s)} = \frac{m_p ls^2}{(I + m_p l^2)s^2 - m_p gl} \tag{1-9}$$

又由于小车位移和加速度之间存在关系式 $a = \ddot{x}$,因此式(1-9)也可写作

$$\frac{\Phi(s)}{\mathrm{Acc}(s)} = \frac{m_p l}{(I + m_p l^2)s^2 - m_p gl} \tag{1-10}$$

将式(1-9)代入式(1-8)的第二个方程,整理得到

$$\frac{\Phi(s)}{U(s)} =$$

$$\frac{m_p ls^2}{[(m_c + m_p)(I + m_p l^2) - (m_p l)^2]s^4 + f(I + m_p l^2)s^3 - (m_c + m_p)m_p gls^2 - fm_p gls}$$

化为首一型得到

$$\frac{\Phi(s)}{U(s)} = \frac{\dfrac{m_p l}{q}s^2}{s^4 + \dfrac{f(I + m_p l^2)}{q}s^3 - \dfrac{(m_c + m_p)m_p gl}{q}s^2 - \dfrac{fm_p gl}{q}s} \tag{1-11}$$

式中:$q = (Im_c + Im_p + m_c m_p l^2)$。

设系统状态空间方程为

$$\begin{cases} \dot{X} = AX + Bu \\ y = CX + Du \end{cases}$$

选择系统的状态变量为 $[x, \dot{x}, \phi, \dot{\phi}]^T$,对式(1-7)列写状态空间方程有

$$\dot{x} = \dot{x}$$
$$\ddot{x} = \frac{-(I + m_p l^2) f}{q}\dot{x} + \frac{m_p^2 g l^2}{q}\phi + \frac{(I + m_p l^2)}{q}u$$
$$\dot{\phi} = \dot{\phi}$$
$$\ddot{\phi} = \frac{-m_p l f}{q}\dot{x} + \frac{m_p g l (m_c + m_p)}{q}\phi + \frac{m_p l}{q}u$$

$$(1-12)$$

整理式(1-12)，得到系统状态空间方程为

$$\begin{bmatrix} \dot{x} \\ \ddot{x} \\ \dot{\phi} \\ \ddot{\phi} \end{bmatrix} = \begin{bmatrix} 0 & 1 & 0 & 0 \\ 0 & \dfrac{-(I + m_p l^2) f}{q} & \dfrac{m_p^2 g l^2}{q} & 0 \\ 0 & 0 & 0 & 1 \\ 0 & \dfrac{-m_p l b}{q} & \dfrac{m_p g l (m_c + m_p)}{q} & 0 \end{bmatrix} \begin{bmatrix} x \\ \dot{x} \\ \phi \\ \dot{\phi} \end{bmatrix} + \begin{bmatrix} 0 \\ \dfrac{I + m_p l^2}{q} \\ 0 \\ \dfrac{m_p l}{q} \end{bmatrix} u$$

$$y = \begin{bmatrix} x \\ \phi \end{bmatrix} = \begin{bmatrix} 1 & 0 & 0 & 0 \\ 0 & 0 & 1 & 0 \end{bmatrix} \begin{bmatrix} x \\ \dot{x} \\ \phi \\ \dot{\phi} \end{bmatrix} + \begin{bmatrix} 0 \\ 0 \end{bmatrix} u$$

$$(1-13)$$

上述便是以外界作用力为输入的系统状态空间模型。

假设摆杆质量均匀，根据匀质摆杆的转动惯量公式有 $I = \frac{1}{3} m_p l^2$，代入式(1-7)，化简得到

$$\ddot{\phi} = \frac{3g}{4l}\phi + \frac{3}{4l}\ddot{x} \qquad (1-14)$$

针对式(1-14)，再次选择系统状态变量 $[x, \dot{x}, \phi, \dot{\phi}]^T$，并以小车加速度为输入，即 $u' = \ddot{x}$，则有下述以小车加速度作为输入的系统状态方程：

$$\begin{bmatrix} \dot{x} \\ \ddot{x} \\ \dot{\phi} \\ \ddot{\phi} \end{bmatrix} = \begin{bmatrix} 0 & 1 & 0 & 0 \\ 0 & 0 & 0 & 0 \\ 0 & 0 & 0 & 1 \\ 0 & 0 & \dfrac{3g}{4l} & 0 \end{bmatrix} \begin{bmatrix} x \\ \dot{x} \\ \phi \\ \dot{\phi} \end{bmatrix} + \begin{bmatrix} 0 \\ 1 \\ 0 \\ \dfrac{3}{4l} \end{bmatrix} u'$$

$$y = \begin{bmatrix} x \\ \phi \end{bmatrix} = \begin{bmatrix} 1 & 0 & 0 & 0 \\ 0 & 0 & 1 & 0 \end{bmatrix} \begin{bmatrix} x \\ \dot{x} \\ \phi \\ \dot{\phi} \end{bmatrix} + \begin{bmatrix} 0 \\ 0 \end{bmatrix} u'$$

$$(1-15)$$

将表1-1中的参数值代入上述系统模型，可以得到实际的系统模型。代入式(1-9)，得到摆杆角度和小车位移的传递函数：

$$\frac{\Phi(s)}{X(s)} = \frac{0.064s^2}{0.022\,8s^2 - 0.627\,2} \qquad (1-16)$$

则摆杆角度和小车加速度的传递函数为

$$\frac{\Phi(s)}{\ddot{x}} = \frac{0.064}{0.022\,8s^2 - 0.627\,2} \qquad (1-17)$$

代入式(1-11),得到摆杆角度和小车所受外界作用力的传递函数为

$$\frac{\Phi(s)}{U(s)} = \frac{0.064s}{0.052\,448s^3 + 0.005\,016s^2 - 1.555\,456s - 0.137\,984} \qquad (1-18)$$

代入式(1-15),得到小车加速度作为输入的系统状态方程:

$$\begin{bmatrix} \dot{x} \\ \ddot{x} \\ \dot{\phi} \\ \ddot{\phi} \end{bmatrix} = \begin{bmatrix} 0 & 1 & 0 & 0 \\ 0 & 0 & 0 & 0 \\ 0 & 0 & 0 & 1 \\ 0 & 0 & 36.75 & 0 \end{bmatrix} \begin{bmatrix} x \\ \dot{x} \\ \phi \\ \dot{\phi} \end{bmatrix} + \begin{bmatrix} 0 \\ 1 \\ 0 \\ 3.75 \end{bmatrix} u'$$

$$\left. \begin{array}{c} \end{array} \right\} \qquad (1-19)$$

$$y = \begin{bmatrix} x \\ \phi \end{bmatrix} = \begin{bmatrix} 1 & 0 & 0 & 0 \\ 0 & 0 & 1 & 0 \end{bmatrix} \begin{bmatrix} x \\ \dot{x} \\ \phi \\ \dot{\phi} \end{bmatrix} + \begin{bmatrix} 0 \\ 0 \end{bmatrix} u'$$

1.3　直线一级倒立摆系统的定性分析

在得到系统的数学模型之后,为进一步了解系统性质,需要对系统的特性进行分析。竖直向上位置是直线一级倒立摆系统的不稳定平衡点,可以设计稳定控制器来使直线一级倒立摆系统稳定在这个点。既然需要设计控制器稳定系统,那么就要考虑系统是否可控。在对系统进行定性分析时,一般要用到线性控制理论中的稳定性、可控性和可观性判据。

1.3.1　系统的稳定性分析

若控制系统在初始条件下和扰动作用下,其瞬态响应随时间的推移而逐渐衰减并趋于原点(原平衡工作点),则称该系统是稳定的。反之,如果控制系统受到扰动作用后,其瞬态响应随时间的推移而发散,输出呈持续振荡过程,或者输出无限制地偏离平衡状态,则称该系统是不稳定的。

根据李雅普诺夫稳定性判据第一法,n 阶线性时不变连续系统 $\dot{x} = Ax + Bu$ 的平衡状 $x_e = 0$ 渐近稳定的充分必要条件是矩阵 A 的所有特征值均具有负实部,它的基本思路是通过系统状态方程的解来判断系统的稳定性。

直线一级倒立摆系统的特征方程为 $\det\{\lambda I - A\} = 0$,用 MATLAB 程序计算,主

程序如下：

```
clear;
A = [0 1 0 0;
0 0 0 0;
0 0 0 1;
0 0 36.75 0];
B = [0 1 0 3.75]';
C = [1 0 0 0;
0 1 0 0];
D = [0 0]';
[num,den] = ss2tf(A,B,C,D);
p = roots(den)
n = size(p);n1 = n(1);
flag1 = 0;flag2 = 0;
for i = 1:n1
s1 = p(i,1);s2 = real(p(i,1));
if real(p(i,1))>0
flag1 = flag1 + 1;
elseif abs(real(p(i,1)) - 0)<eps
flag2 = flag2 + 1;
end
end
if flag1 >0 disp('系统不稳定')
elseif flag2 >0 disp('系统临界稳定')
else disp('系统稳定')
end
```

得到系统的特征根为 $\boldsymbol{p} = [0 \quad 0 \quad 6.0622 \quad -6.0622]$。系统有两个特征根在原点，有一个特征根在复频域的右半平面上，有一个特征根在复频域的左半平面上，因此直线一级倒立摆系统是不稳定的。

1.3.2　系统的可控性分析

对于线性连续定常系统 $\dot{x} = \boldsymbol{A}x + \boldsymbol{B}u$，如果存在一个分段连续的输入 $u(t)$，能在有限的时间区间 $[t_0, t_f]$ 内，使系统由某一初始状态 $x(t_0)$ 转移到指定的任意终端 $x(t_f)$，则称此系统是可控的。若系统的所有状态都是可控的，则称此系统是状态完全可控的。

对于连续时间系统 $\begin{cases} \dot{x} = \boldsymbol{A}x + \boldsymbol{B}u \\ y = \boldsymbol{C}x + \boldsymbol{D}u \end{cases}$，其状态完全可控的条件为：当且仅当向量组 $[\boldsymbol{B}, \boldsymbol{A}\boldsymbol{B}, \cdots, \boldsymbol{A}^{n-1}\boldsymbol{B}]$ 是线性无关的，或 $n \times n$ 维矩阵 $[\boldsymbol{B}, \boldsymbol{A}\boldsymbol{B}, \cdots, \boldsymbol{A}^{n-1}\boldsymbol{B}]$ 的秩为 n。

应用以上原理对系统进行可控性分析，在 MATLAB 中计算程序为

```
clear;
A = [0 1 0 0;
0 0 0 0;
0 0 0 1;
0 0 36.75 0];
B = [0 1 0 3.75]';
C = [1 0 0 0;
0 1 0 0];
D = [0 0]';
pc = [B A * B A^2 * B A^3 * B];
rank(pc)
```

可以得到 ans＝4。系统的状态完全可控性矩阵的秩等于系统的状态变量维数，所以系统可控。

1.3.3　系统的可观性分析

如果对于任意给定的输入 u，在有限的时间 $t_f > t_0$，使得根据 $[t_0, t_f]$ 期间的输出 $y(t)$ 能唯一地确定系统在初始时刻的状态 $x(t_0)$，则称 $x(t_0)$ 是可观的。若系统的每一个状态都是可观的，则称系统是完全可观的。

对于线性连续系统方程 $\begin{cases} \dot{x} = Ax + Bu \\ y = Cx + Du \end{cases}$，系统状态完全可观的充分必要条件为：可观判别阵 $[C, CA, \cdots, CA^{n-1}]^T$ 的秩为 n。

对系统进行可观性分析，在 MATLAB 中的计算程序为

```
clear;
A = [0 1 0 0;
0 0 0 0;
0 0 0 1;
0 0 36.75 0];
B = [0 1 0 3.75]';
C = [1 0 0 0;
0 1 0 0];
D = [0 0]';
qo = [C C * A C * A^2 C * A^3]';
rank(qo)
```

可以得到 ans＝2。

1.3.4　系统的阶跃响应分析

根据系统的状态方程，对其进行阶跃响应分析，在 MATLAB 中的计算程序为

```
clear;
A = [0 1 0 0;
0 0 0 0;
```

```
0 0 0 1;
0 0 36.75 0];
B = [0 1 0 3.75]';
C = [1 0 0 0;
0 1 0 0];
D = [0 0]';
t = [0:0.01:10];
sys = ss(A,B,C,D);
step(sys,t)
grid on;
xlabel('t');
```

运行程序得到系统单位阶跃响应曲线,如图 1-5 所示。**注**:图 1-5 为程序运行后所截取的图,图中变量未按国标修改。此类图后面不再标注。

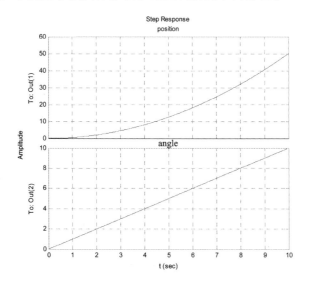

图 1-5　系统单位阶跃响应曲线

由图可见,小车的角度和位置的阶跃响应曲线都是发散的。若只是对角度进行控制,则可以设计 PID 控制器实现对倒立摆系统的控制。

1.4　直线一级倒立摆的 PID 控制设计

1.4.1　PID 的基本原理

在工业控制中,应用最广泛和成熟的控制器是 PID(Proportional Integral and Differential)控制器,即比例-积分-微分控制。PID 控制器是一种线性控制器,它根据给定值和实际值构成控制偏差,将偏差的比例、积分和微分通过线性组合构成控制量,对被控对象进行控制。

常规 PID 控制系统原理框图如图 1-6 所示,系统主要由 PID 控制器和被控对象组成。作为一种线性控制器,其根据设定值 $r(t)$ 和实际输出值 $c(t)$ 构成控制偏差 $e(t)$,将偏差按比例、积分和微分通过线性组合构成控制量 $u(t)$,对被控对象进行控制。控制器的输入和输出关系可描述为

$$u(t) = K_p \left[e(t) + \frac{1}{T_i} \int_0^t e(t) \mathrm{d}t + T_d \frac{\mathrm{d}e(t)}{\mathrm{d}t} \right] \tag{1-20}$$

式中:$e(t) = r(t) - c(t)$,K_p 为比例系数,T_i 为积分时间常数,T_d 为微分时间常数。

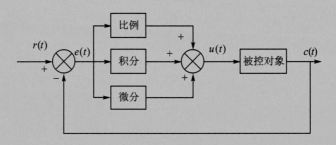

图 1-6　PID 控制系统原理图

简单来说,PID 控制器各环节的作用如下:

① 比例环节——成比例地反映控制系统的偏差信号 $e(t)$,偏差一旦产生,控制器立即产生控制作用,以减小偏差。但是,比例控制不能消除稳态误差,比例放大系数的加大,会引起系统的不稳定。

② 积分环节——减小系统稳态误差,只要系统有误差存在,积分控制器就不断地积累,输出控制量,以消除误差。缺点是使系统增加了极点,使得系统向不稳定的方向变化。

③ 微分环节——使系统增加了零点,使得系统向稳定的方向发展,加快系统的动作速度,减少调节时间,从而减小超调量,克服振荡,使系统的稳定性提高,改善系统的动态性能。

PID 控制器结合了上述三种控制律各自的特点,在提高系统的稳定性能和动态性能方面具有很大的优越性,同时可以用于补偿达到大多数参数的要求,所以目前它在过程控制中得到普遍的运用。

1.4.2　PID 参数整定

1. PID 参数整定的基本方法

PID 控制器参数整定的方法很多,概括起来有两大类:

(1) 理论计算整定法

理论计算整定法主要是依据系统的数学模型,经过理论计算确定控制器参数。

这种方法所得到的计算数据未必可以直接用，还必须通过工程实际进行调整和修改。同时理论计算整定法必须知道控制对象的数学模型，还需要用到控制理论和数学方面的相关知识，比较复杂，不易被工程技术人员所掌握。因此，理论计算整定法在实际中的应用不是很广泛。

（2）工程整定法

工程整定法主要依赖工程经验，直接在控制系统的试验中进行，并且不需要获得调节对象的准确动态特性。因为其方法简单，计算方便，易于掌握，所以在工程实际中被广泛采用。

PID 控制器参数的工程整定法，主要有临界比例法、衰减法、反应曲线法等。这几种方法各有其特点，其共同点是通过试验，按照工程经验公式对控制器进行参数整定。但无论采用哪一种方法所得到的控制器参数，都需要在实际运行中进行最后的调整与完善。

如果推导出控制对象的数学模型，则可以采用各种不同的设计方法，确定控制器的参数，以满足闭环系统的瞬态和稳态性能指标。但是，如果控制对象很复杂，数学模型不能够容易地得到，则 PID 控制器设计的解析法就不能应用。这时，必须借助于实验的方法设计 PID 控制器。

2. 齐格勒-尼克尔斯调节法则

齐格勒和尼克尔斯提出了调整 PID（即设置 K_p、T_i 和 T_d 的值）的法则，属于临界比例法。它是在试验阶跃响应的基础上，或者是在仅采用比例控制作用下，根据临界稳定性中的 K_p 值建立起来的。而后由法则提供的公式建立一组 K_p、T_i 和 T_d 的值，这些值将会使系统具有稳定的工作状态。但是，这时得到的系统，在阶跃响应中可能会出现较大的过调，这是人们所不能接受的。在这种情况下，还必须进行一系列的调节，直到获得满意的结果。实际上，齐格勒-尼克尔斯调节法则给出的是参数值的一种合理估值，并且提供了一种进行精细调节的起点，而不是在一次次尝试中给出 K_p、T_i 和 T_d 的最终设置。因此，当不知道控制对象的数学模型时，采用齐格勒-尼克尔斯法则很方便。

（1）齐格勒-尼克尔斯法则的第一种方法

在第一种方法中，如果控制对象中既不包括积分器，又不包括主导共轭复数极点，这时的单位阶跃响应曲线看起来像一条 S 形曲线，这种阶跃响应曲线可以通过实验产生，也可以通过控制对象的动态仿真得到，如图 1 - 7 所示。

S 形曲线可以用延迟时间 τ 和时间常数 T 描述。通过 S 形曲线的转折点画切线，确定切线与时间轴和响应终值的交点，就可以

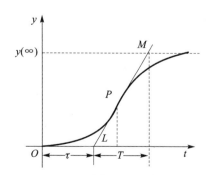

图 1 - 7　齐格勒-尼克尔斯法则
第一种方法的 S 形曲线

求得延迟时间和时间常数。传递函数 $\dfrac{C(s)}{U(s)}$ 用具有延迟特性的一阶系统近似表示如下：

$$\frac{C(s)}{U(s)} = \frac{Ke^{-\tau s}}{Ts+1} \tag{1-21}$$

齐格勒和尼克尔斯提出用表 1-2 中的公式确定 K_p、T_i 和 T_d 的值。

表 1-2　齐格勒-尼克尔斯法则第一种方法

控制器类型	K_p	T_i	T_d
P	T/τ	∞	0
PI	0.9 T/τ	$\tau/0.3$	0
PID	1.2 T/τ	2τ	0.5τ

用齐格勒-尼克尔斯法则的第一种方法调整 PID 控制器，将给出下列公式：

$$G_c(s) = K_p\left(1 + \frac{1}{T_i s} + T_d s\right) = 1.2\,\frac{T}{\tau}\left(1 + \frac{1}{2\tau s} + 0.5\tau s\right) =$$

$$0.6T\,\frac{\left(s + \dfrac{1}{\tau}\right)^2}{s} \tag{1-22}$$

可以看出，这种 PID 控制器有一个位于原点的极点和一对位于 $s = -\dfrac{1}{\tau}$ 的零点。这种方法仅适用于对象的阶跃响应曲线为 S 形的系统。

（2）齐格勒-尼克尔斯法则的第二种方法

首先设 $T_i = \infty$ 和 $T_d = 0$，即只采用比例控制作用，使 K_p 从 0 增加到临界值 K_{cr}。这里的临界值 K_{cr} 是使系统的输出首次呈现持续振荡的增益值（如果不论怎样选择 K_p 的值，系统的输出都不会呈现持续振荡，则不能应用这种方法）。因此，临界增益 K_{cr} 和相应的周期 P_{cr} 是通过实验确定的。齐格勒和尼克尔斯提出，参数 K_p、T_i 和 T_d 的值可以根据表 1-3 中给出的公式确定。

表 1-3　齐格勒-尼克尔斯法则第二种方法

控制器类型	K_p	T_i	T_d
P	0.5 K_{cr}	∞	0
PI	0.45 K_{cr}	$(1/1.2)\,P_{cr}$	0
PID	0.6 K_{cr}	0.5 P_{cr}	0.125 P_{cr}

用齐格勒-尼克尔斯法则的第二种方法调整的 PID 控制器将给出下列公式：

$$G_c(s) = K_p\left(1 + \frac{1}{T_i s} + T_d s\right) =$$

$$0.6K_{cr}\left(1 + \frac{1}{0.5P_{cr}s} + 0.125P_{cr}s\right) =$$

$$0.075 K_{\mathrm{cr}} P_{\mathrm{cr}} \frac{\left(s+\dfrac{4}{P_{\mathrm{cr}}}\right)^2}{s} \tag{1-23}$$

可以看出，PID 控制器具有一个位于原点的极点和一对位于 $s=\dfrac{-4}{P_{\mathrm{cr}}}$ 的零点。这种方法仅适用于系统的输出能产生持续振荡的场合。

1.4.3　数字式 PID 控制算法

在连续生产过程控制系统中，通常采用如图 1-6 所示的 PID 控制。但是在控制系统中如果计算机充当了比较组件，而计算机只能识别数字信号，那么为了便于计算机实现 PID 算法，必须将式（1-20）改写为离散（采样）式（即将积分运算用部分和近似代替，微分运算用差分方程表示），公式如下：

$$\int_0^t e(t)\mathrm{d}t \approx \sum_{j=0}^{k} T e(j) \tag{1-24}$$

$$\frac{\mathrm{d}e(t)}{\mathrm{d}t} \approx \frac{e(k)-e(k-1)}{T} \tag{1-25}$$

式中：T 为采样周期；k 为采样周期的序号（$k=0,1,2,\cdots$）；$e(k-1)$ 和 $e(k)$ 分别为第 $k-1$ 和第 k 个采样周期的偏差。

将式（1-24）和式（1-25）代入式（1-20）可得相应的差分方程，即

$$u(k)=K_{\mathrm{p}}\left\{e(k)+\frac{T}{T_{\mathrm{i}}}\sum_{j=0}^{k}e(j)+\frac{T_{\mathrm{d}}}{T}[e(k)-e(k-1)]\right\} \tag{1-26}$$

式中：$u(k)$ 为第 k 个采样时刻的控制量。如果采样周期 T 与被控对象时间常数比较相对较小，那么这种近似是合理的，并与连续控制的效果接近。模拟调节器很难实现理想的微分 $\mathrm{d}e(t)/\mathrm{d}t$，而利用计算机可以实现式（1-25）所表示的差分运算，故将式（1-26）称为理想微分数字 PID 控制器。

基本的数字 PID 控制器一般具有以下两种形式的算法。

1. 位置型算法

模拟调节器的调节动作是连续的，任何瞬时的输出控制量 $u(t)$ 都对应于执行机构的位置（如调节阀、脉冲比）。由式（1-26）可知，数字控制器的输出控制量 $u(k)$ 也和阀门位置相对应，故称为位置型算式（简称位置式）。相应的算法流程图如图 1-8 所示。

由图 1-8 可以看出，因为积分作用是对一段时间内偏差信号的累加，所以利用计算机实现位置型算法不是很方便，不仅需要占用较多的存储单元，而且编程也不方便，因此可以采用其改进式——增量型算法来实现。

2. 增量型算法

根据式（1-26）不难得到第 $k-1$ 个采样周期的控制量，即

$$u(k-1)=K_{\mathrm{p}}\left\{e(k-1)+\frac{T}{T_{\mathrm{i}}}\sum_{j=0}^{k-1}e(j)+\frac{T_{\mathrm{d}}}{T}[e(k-1)-e(k-2)]\right\} \tag{1-27}$$

将式(1-26)与式(1-27)相减,可以得到第 k 个采样时刻控制量的增量,即

$$\Delta u(k) = K_\text{p}\left\{e(k) - e(k-1) + \frac{T}{T_\text{i}}e(k) + \frac{T_\text{d}}{T}\left[e(k) - 2e(k-1) + e(k-2)\right]\right\} =$$

$$K_\text{p}\left[e(k) - e(k-1)\right] + K_\text{i}e(k) + K_\text{d}\left[e(k) - 2e(k-1) + e(k-2)\right]$$

$$(1-28)$$

式中: K_p 为比例增益; K_i 为积分系数且 $K_\text{i} = K_\text{p}T/T_\text{i}$; K_d 为微分系数且 $K_\text{d} = K_\text{p}T_\text{d}/T$ 。
由此可列写出增量型控制算法,其流程图如图 1-9 所示。

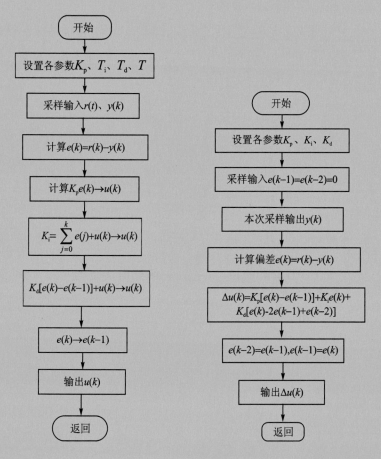

图 1-8　位置型算法流程图　　　　图 1-9　增量型算法流程图

1.4.4　倒立摆系统 PID 控制器的仿真

1. 系统的 PID 控制模型

给倒立摆系统施加脉冲扰动,输出量为摆杆的角度,它的平衡位置为垂直向上的
情况。系统 PID 控制框图如图 1-10 所示,其中 $KD(s)$ 是控制器传递函数, $G(s)$ 是
被控对象传递函数。

当摆杆的平衡位置为垂直向上时,闭环控制系统中给定参考输入 $r(s)$ 为零,所以系统控制框图可以变换为如图 1 - 11 所示。

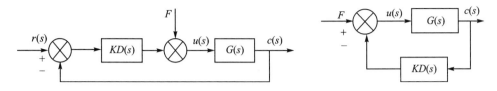

图 1 - 10　PID 控制框图　　　　　图 1 - 11　化简后的系统控制框图

则该系统的输出为

$$y(s) = \frac{G(s)}{1 + KD(s)G(s)}F(s) = \frac{\dfrac{\text{num}G}{\text{den}G}}{1 + \dfrac{\text{num}PID \cdot \text{num}G}{\text{den}PID \cdot \text{den}G}}F(s) =$$

$$\frac{\text{num}G \cdot \text{den}PID}{\text{den}PID \cdot \text{den} + \text{num}PID \cdot \text{num}}F(s) \tag{1 - 29}$$

式中:numG 为被控对象传递函数的分子项;denG 为被控对象传递函数的分母项;numPID 为 PID 控制器传递函数的分子项;denPID 为 PID 控制器传递函数的分母项。通过式(1 - 29)可以看出,通过调节 PID 控制器的参数,就可以影响系统的稳定性和动态性能,从而使被控对象达到满意的控制效果。

2. PID 控制器的仿真模型

依照图 1 - 6 的模型和式(1 - 17)推导出的摆杆角度和小车加速度的传递函数,在 MATLAB 下建立系统 SIMULINK 模型(见图 1 - 12),PID 部分已封装为一个模块。

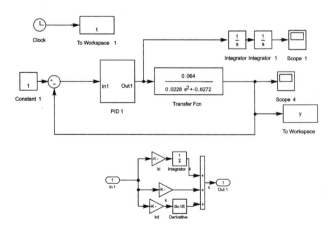

图 1 - 12　PID 控制系统仿真模型

3. PID 控制器的参数整定

对于 PID 控制器的传递函数,有 $KD(s)=K_p\left(1+\dfrac{1}{T_i s}+T_d s\right)$,令 $K_p=K_p$,$K_i=\dfrac{K_p}{T_i}$,$K_d=K_p T_d$,上式化简为

$$KD(s)=K_p+\frac{K_i}{s}+K_d s \tag{1-30}$$

根据齐格勒-尼克尔斯法则的第二种方法,先将控制器的积分系数 K_d 和微分系数 K_i 均设为 0,比例系数 K_p 设为较小的值,使系统投入稳定运行。然后逐渐增大比例系数 K_p,直到系统出现等幅振荡,记录此时的临界振荡增益 K 和临界振荡周期 T。根据 K 和 T 的值,采用经验公式,计算出调节器的各个参数,即 K_p、K_i 和 K_d 的值。具体过程如下:

先设置 PID 控制器为 P 控制器,令 $K_p=9$,$K_i=0$,$K_d=0$,得到如图 1-13 所示的仿真结果。

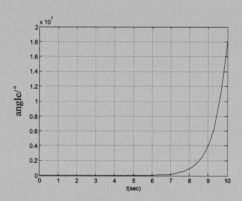

图 1-13　$K_p=9$ 时的系统仿真图

从图 1-13 中可以看出,控制曲线不收敛,因此增大控制量。令 $K_p=60$,$K_i=0$,$K_d=0$,得到如图 1-14 所示的仿真结果。从图 1-14 中可以看出,闭环控制系统持

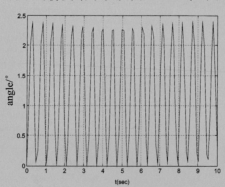

图 1-14　$K_p=60$ 时的系统仿真图

续振荡,在 10 s 内共有约 19 个周期,故计算得周期为 $P_{cr}=10\text{ s}/19\approx0.53\text{ s}$。

根据齐格勒-尼克尔斯法则第二种方法调整参数,有 $K_p=0.6K_{cr}=36$, $T_i=0.5P_{cr}=0.265$, $T_d=0.125P_{cr}=0.066\,25$。因此 $K_p=36$, $K_i=\dfrac{1}{T_i}=3.77$, $K_d=T_d=0.066\,25$。利用这三个参数可以得到如图 1-15 所示的仿真结果。此时系统持续振荡,为消除系统的振荡,需增加微分控制参数 K_d,令 $K_d=10$,得到如图 1-16 所示的仿真结果。

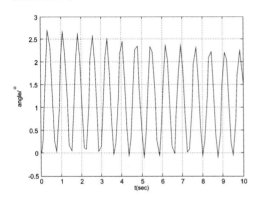 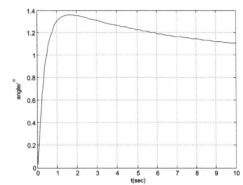

图 1-15　$K_p=36$, $K_i=3.77$, $K_d=0.066\,25$ 时的　　图 1-16　$K_p=36$, $K_i=3.77$, $K_d=10$ 时的
　　　　　系统仿真图　　　　　　　　　　　　　　　　系统仿真图

从图 1-15 和图 1-16 看出,系统存在一定的稳态误差,为减小稳态误差,需增加积分参数 K_i,令 $K_p=36$, $K_i=12$, $K_d=10$,得到如图 1-17 所示的仿真结果。打开 "Scope1",可以得到小车的位置曲线,如图 1-18 所示。当然,可以继续调整 PID 参数直至性能最佳。

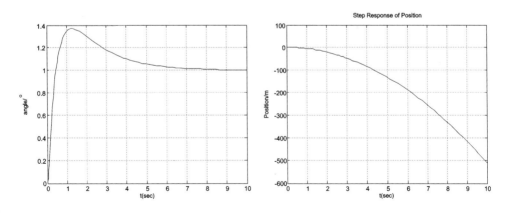

图 1-17　$K_p=36$, $K_i=12$, $K_d=10$ 时的系统仿真图　　图 1-18　小车的位置仿真图

至此,利用经典控制理论中的传递函数模型,使用 PID 对倒立摆的摆杆角度进行控制,可以得到较好的仿真效果;同时,也可以看出 PID 控制器并不能对小车的位

置进行控制,小车会沿着导轨稍微移动,所以 PID 控制器并不能使小车处于平衡位置,这是由 PID 控制器的单输入单输出特性决定的。另外,如果有硬件实验装置,则可以将仿真结果应用在实物系统中。

1.5 直线一级倒立摆的 LQR 控制

1.5.1 线性二次型最优控制理论

线性二次型最优控制设计是基于状态空间技术设计一个优化的动态控制器。线性二次型调节器问题在现代控制理论中占有非常重要的位置,受到控制界的普遍重视,这是因为它的提法具有普遍意义,不局限于某种物理系统,而且人们经过许多试探,证明这样的提法易于获得解析解,最为可贵的是能获得线性反馈的结构,而且它提供了一种统一的框架,把经典设计(单变量,非时变)也统一于其中。

线性二次型最优控制理论属于线性系统综合理论中最具有重要性和最具有综合性的一类优化型综合问题,取性能指标函数为二次型函数积分,它既考虑系统性能的要求,又考虑到控制能量的要求,最后综合出一个性能指标函数。

根据图 1-19,由系统方程:

$$\dot{x} = Ax + Bu \tag{1-31}$$

确定下列最佳控制向量的矩阵 K:

$$u(t) = -K \cdot x(t) \tag{1-32}$$

使得如下性能指标达到最小值:

$$J = \int_0^\infty (x^\mathrm{T}Qx + u^\mathrm{T}Ru)\,\mathrm{d}t \tag{1-33}$$

式中:Q 为正定(或正半定)厄米特或实对称阵;R 为正定厄米特或实对称阵。方程右端第二项是考虑到控制能量的损耗而引进的,矩阵 Q 和 R 确定了误差和能量损耗的相对重要性,并且假设控制向量 $u(t)$ 是无约束的。

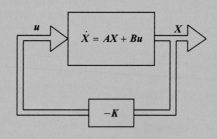

图 1-19 LQR 控制系统原理框图

基于这种二次型性能指标的最优控制系统设计,就称为式(1-32)中矩阵 K 的求解。由于式(1-33)给出的线性控制律是最佳控制律,因此,如果能确定矩阵 K 中的未知元素,使性能指标达到最小,则式(1-32)对任意初始状态 $\boldsymbol{x}(0)$ 而言均为最佳的。为求解优化问题,将式(1-32)代入式(1-31)中,得到

$$\dot{\boldsymbol{x}} = \boldsymbol{A}\boldsymbol{x} - \boldsymbol{B}\boldsymbol{K}\boldsymbol{x} = (\boldsymbol{A} - \boldsymbol{B}\boldsymbol{K})\boldsymbol{x} \qquad (1-34)$$

将式(1-32)代入式(1-33)中,得到

$$J = \int_0^\infty (\boldsymbol{x}^{\mathrm{T}}\boldsymbol{Q}\boldsymbol{x} + \boldsymbol{x}^{\mathrm{T}}\boldsymbol{K}^{\mathrm{T}}\boldsymbol{R}\boldsymbol{K}\boldsymbol{x})\,\mathrm{d}t = \int_0^\infty \boldsymbol{x}^{\mathrm{T}}(\boldsymbol{Q} + \boldsymbol{K}^{\mathrm{T}}\boldsymbol{R}\boldsymbol{K})\boldsymbol{x}\,\mathrm{d}t \qquad (1-35)$$

由于在状态反馈控制律 $\boldsymbol{u}(t) = -\boldsymbol{K} \cdot \boldsymbol{x}(t)$ 下,所推导出的闭环系统式(1-34)应该是渐进稳定的,因此存在李雅普诺夫函数 $V(\boldsymbol{x}) = \boldsymbol{x}^{\mathrm{T}}\boldsymbol{P}\boldsymbol{x}$,其中 $\boldsymbol{P}$ 为正定厄米特或实对称矩阵。令 $V(\boldsymbol{x})$ 求导,得到

$$\dot{V}(\boldsymbol{x}) = \dot{\boldsymbol{x}}^{\mathrm{T}}\boldsymbol{P}\boldsymbol{x} + \boldsymbol{x}^{\mathrm{T}}\boldsymbol{P}\dot{\boldsymbol{x}} = \boldsymbol{x}^{\mathrm{T}}[(\boldsymbol{A} - \boldsymbol{B}\boldsymbol{K})^{\mathrm{T}}\boldsymbol{P} + \boldsymbol{P}(\boldsymbol{A} - \boldsymbol{B}\boldsymbol{K})]\boldsymbol{x} \qquad (1-36)$$

将式(1-36)配入式(1-35)中,得到

$$J = \int_0^\infty [\boldsymbol{x}^{\mathrm{T}}(\boldsymbol{Q} + \boldsymbol{K}^{\mathrm{T}}\boldsymbol{R}\boldsymbol{K})\boldsymbol{x} + \dot{V}(\boldsymbol{x})]\,\mathrm{d}t - \int_0^\infty \dot{V}(\boldsymbol{x})\,\mathrm{d}t =$$

$$\int_0^\infty \boldsymbol{x}^{\mathrm{T}}[(\boldsymbol{Q} + \boldsymbol{K}^{\mathrm{T}}\boldsymbol{R}\boldsymbol{K}) + (\boldsymbol{A} - \boldsymbol{B}\boldsymbol{K})^{\mathrm{T}}\boldsymbol{P} + \boldsymbol{P}(\boldsymbol{A} - \boldsymbol{B}\boldsymbol{K})]\boldsymbol{x}\,\mathrm{d}t - V(\boldsymbol{x})\Big|_0^\infty =$$

$$\int_0^\infty \boldsymbol{x}^{\mathrm{T}}[\boldsymbol{Q} + \boldsymbol{K}^{\mathrm{T}}\boldsymbol{R}\boldsymbol{K} + \boldsymbol{A}^{\mathrm{T}}\boldsymbol{P} + \boldsymbol{P}\boldsymbol{A} - \boldsymbol{P}\boldsymbol{B}\boldsymbol{K} - \boldsymbol{K}^{\mathrm{T}}\boldsymbol{B}^{\mathrm{T}}\boldsymbol{P}]\boldsymbol{x}\,\mathrm{d}t + \boldsymbol{x}_0^{\mathrm{T}}\boldsymbol{P}\boldsymbol{x}_0$$

其中因为假设 $\boldsymbol{A} - \boldsymbol{B}\boldsymbol{K}$ 的所有特征值均具有负实部,即系统稳定,所以 $\boldsymbol{x}(\infty)$ 趋近于零。

上式中,通过配方法有

$$\boldsymbol{K}^{\mathrm{T}}\boldsymbol{R}\boldsymbol{K} - \boldsymbol{P}\boldsymbol{B}\boldsymbol{K} - \boldsymbol{K}^{\mathrm{T}}\boldsymbol{B}^{\mathrm{T}}\boldsymbol{P} = \boldsymbol{K}^{\mathrm{T}}\boldsymbol{R}\boldsymbol{K} - \boldsymbol{P}\boldsymbol{B}\boldsymbol{K} - \boldsymbol{K}^{\mathrm{T}}\boldsymbol{B}^{\mathrm{T}}\boldsymbol{P} + \boldsymbol{P}\boldsymbol{B}\boldsymbol{R}^{-1}\boldsymbol{B}^{\mathrm{T}}\boldsymbol{P} - \boldsymbol{P}\boldsymbol{B}\boldsymbol{R}^{-1}\boldsymbol{B}^{\mathrm{T}}\boldsymbol{P} =$$
$$(\boldsymbol{K} - \boldsymbol{R}^{-1}\boldsymbol{B}^{\mathrm{T}}\boldsymbol{P})^{\mathrm{T}}\boldsymbol{R}(\boldsymbol{K} - \boldsymbol{R}^{-1}\boldsymbol{B}^{\mathrm{T}}\boldsymbol{P}) - \boldsymbol{P}\boldsymbol{B}\boldsymbol{R}^{-1}\boldsymbol{B}^{\mathrm{T}}\boldsymbol{P}$$

代入性能指标中有

$$J = \int_0^\infty \boldsymbol{x}^{\mathrm{T}}[\boldsymbol{Q} + \boldsymbol{A}^{\mathrm{T}}\boldsymbol{P} + \boldsymbol{P}\boldsymbol{A} - \boldsymbol{P}\boldsymbol{B}\boldsymbol{R}^{-1}\boldsymbol{B}^{\mathrm{T}}]\boldsymbol{x}\,\mathrm{d}t + \boldsymbol{x}_0^{\mathrm{T}}\boldsymbol{P}\boldsymbol{x}_0 +$$

$$\int_0^\infty \boldsymbol{x}^{\mathrm{T}}(\boldsymbol{K} - \boldsymbol{R}^{-1}\boldsymbol{B}^{\mathrm{T}}\boldsymbol{P})^{\mathrm{T}}\boldsymbol{R}(\boldsymbol{K} - \boldsymbol{R}^{-1}\boldsymbol{B}^{\mathrm{T}}\boldsymbol{P})\boldsymbol{x}\,\mathrm{d}t$$

为了使得性能指标最小化,必须有

$$\boldsymbol{K} = \boldsymbol{R}^{-1}\boldsymbol{B}^{\mathrm{T}}\boldsymbol{P} \qquad (1-37)$$

则此时的性能指标最小值是

$$J = \int_0^\infty \boldsymbol{x}^{\mathrm{T}}[\boldsymbol{Q} + \boldsymbol{A}^{\mathrm{T}}\boldsymbol{P} + \boldsymbol{P}\boldsymbol{A} - \boldsymbol{P}\boldsymbol{B}\boldsymbol{R}^{-1}\boldsymbol{B}^{\mathrm{T}}]\boldsymbol{x}\,\mathrm{d}t + \boldsymbol{x}_0^{\mathrm{T}}\boldsymbol{P}\boldsymbol{x}_0 \qquad (1-38)$$

易见性能指标最小值式(1-38)和最优控制增益矩阵式(1-37)依赖于矩阵 $\boldsymbol{P}$。若选取正定矩阵 $\boldsymbol{P}$ 满足如下黎卡提方程:

$$\boldsymbol{Q} + \boldsymbol{A}^{\mathrm{T}}\boldsymbol{P} + \boldsymbol{P}\boldsymbol{A} - \boldsymbol{P}\boldsymbol{B}\boldsymbol{R}^{-1}\boldsymbol{B}^{\mathrm{T}}\boldsymbol{P} = 0 \qquad (1-39)$$

则性能指标的最小值 $J = \boldsymbol{x}_0^{\mathrm{T}}\boldsymbol{P}\boldsymbol{x}_0$。

如此最优闭环系统式(1-34)为

$$\dot{\boldsymbol{x}} = \boldsymbol{A}\boldsymbol{x} - \boldsymbol{B}\boldsymbol{K}\boldsymbol{x} = (\boldsymbol{A} - \boldsymbol{B}\boldsymbol{R}^{-1}\boldsymbol{B}^{\mathrm{T}}\boldsymbol{P})\boldsymbol{x} \qquad (1-40)$$

使用李雅普诺夫定理验证,即将上述系统代入 $V(x)=x^{\mathrm{T}}Px$ 的一阶导数中,得到

$$
\begin{aligned}
\dot{V}(x) &= \dot{x}^{\mathrm{T}}Px + x^{\mathrm{T}}P\dot{x} = \\
& x^{\mathrm{T}}[(A-BR^{-1}B^{\mathrm{T}}P)^{\mathrm{T}}P + P(A-BR^{-1}B^{\mathrm{T}}P)]x = \\
& x^{\mathrm{T}}[A^{\mathrm{T}}P + PA - PBR^{-1}B^{\mathrm{T}}P - PBR^{-1}B^{\mathrm{T}}P]x = \\
& x^{\mathrm{T}}[-Q - PBR^{-1}B^{\mathrm{T}}P]x < 0
\end{aligned}
$$

可见,最优闭环系统是渐进稳定的。

另外,矩阵 Q 和 R 分别用来对状态向量 $x(t)$ 和控制向量 $u(t)$ 引起的性能度量的相对重要性进行加权,其对闭环系统的动态性能影响较大。一般情况下,矩阵 Q 中某元素相对增加时,其对应的状态变量的响应速度增加,其他状态变量的响应速度相对减慢;R 增加时,控制力减小,控制状态变量变化减小,跟随速度变慢。

1.5.2　倒立摆的 LQR 仿真

根据以上原则,对直线一级倒立摆系统的动力学模型应用 LQR 方法设计控制器,控制摆杆保持竖直向上平衡的同时,跟踪小车的位置。

四个状态量 x、$\dot{x}$、ϕ、$\dot{\phi}$,分别代表小车位移、小车速度、摆杆角度和摆杆角速度,输出 $y=[x,\phi]^{\mathrm{T}}$,包括小车位置和摆杆角度。假设全状态反馈可以实现(四个状态量都可测),找出确定反馈控制规律的向量 K。LQR 允许选择两个参数——R 和 Q,这两个参数用来平衡输入量和状态量的权重。

在 LQR 中,性能参数 Q、R 的选择十分重要,如果选择不当,很可能使系统不稳定,更不论什么"最优"了。因此,只有反复实验,选取合适的 Q 和 R 来实现对倒立摆系统的稳定控制。选取 Q 和 R 的一般原则是:

① 通常 Q 和 R 选为对角线矩阵,并且在实际应用中将 R 值固定,再调整 Q 的值,当控制输入只有一个时,R 一般可直接选取为1。

② Q 的选择不唯一,我们优先选择对角线形式的 Q。

最简单的情况是假设输入的权重 R 是 1,$Q=C^{\mathrm{T}} \cdot C$。当然,也可以通过改变 Q 矩阵中的非零元素来调节控制器以得到期望的响应。

$$
Q = C^{\mathrm{T}} \cdot C = \begin{bmatrix} 1 & 0 & 0 & 0 \\ 0 & 0 & 0 & 0 \\ 0 & 0 & 1 & 0 \\ 0 & 0 & 0 & 0 \end{bmatrix}
$$

下面定义 Q_{11} 代表小车位置的权重,可以调节小车到达指定位置的时间;Q_{33} 是摆杆角度的权重,可以调节摆杆达到稳定的时间。为调整 Q 的值,选取小车位移为研究对象,编写 MATLAB 程序如下:

```
clear;
A = [0 1 0 0;
0 0 0 0;
0 0 0 1;
0 0 29.4 0];
B = [0 1 0 3]';
C = [1 0 0 0;
0 1 0 0];
D = [0 0]';
Q11 = 1; Q33 = 1;
Q = [Q11 0 0 0;
0 0 0 0;
0 0 Q33 0;
0 0 0 0];
R = 1;
P = care(A,B,Q,R)
K = inv(R) * B' * P
v = 0.4;
angle = 2;dangle = 0;
pos = 0.1;dpos = 0;
tf = 10;
dt = 0.001;
for i = 1:tf/dt
ddpos = v;
ddangle = 29.4 * angle + 3 * v;
dpos = ddpos * dt + dpos;
pos = dpos * dt + pos;
dangle = ddangle * dt + dangle;
angle = dangle * dt + angle;
    v = - (K(1,1) * pos + K(1,2) * dpos + K(1,3) * angle + K(1,4) * dangle);
    t = i * dt;
tp(i) = t;
pos_p(i) = pos;
angle_p(i) = angle;
end
figure(1)
plot(tp,pos_p);
xlabel('t/s');ylabel('Position/m');
grid on;
figure(2)
plot(tp,angle_p);
xlabel('t/s');ylabel('Angle/¡ã');
grid on;
```

程序中,使用 care 命令计算黎卡提方程的矩阵 **P**,得到如图 1-20 和图 1-21 所示的仿真结果。

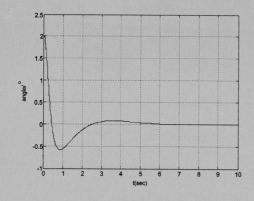
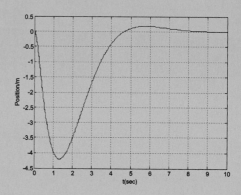

图 1-20　$Q_{11}=1,Q_{33}=1$ 时的角度仿真曲线　　　**图 1-21**　$Q_{11}=1,Q_{33}=1$ 时的位置仿真曲线

由仿真结果可以看出,在给定小车角度设置初始干扰 2° 后,小车在滑杆上滑动用来保持平衡。从角度响应曲线中可以看出,系统响应的超调量较小,能够在一定的时间间隔后保持平衡,但系统的响应时间偏长,为了使系统具有快速的响应,可以尝试增大 **Q** 参数中的 Q_{11} 和 Q_{33},经过多次实验得到 Q_{11} 和 Q_{33} 与响应时间的关系,如表 1-4 所列。

表 1-4　不同的 Q、R 矩阵效果对比表

R	Q_{11}	Q_{33}	角度调节时间 t/s	动态过程角度振幅/(°)
0.1	1	1	3.8	$[-0.75, 0.2]$
1	1	1	6.5	$[-0.6, 0.1]$
1	50	30	2.8	$[-1.1, 0.25]$
10	50	30	4.5	$[-0.7, 0.2]$
1	500	200	2	$[-1.4, 0.4]$
1	1 000	200	1.8	$[-1.2, 0.3]$

从表中可以看到,**R** 增大,可以降低角度调节时间,增大角度振幅;当 Q_{11}、Q_{33} 增大时,系统的角度调节时间不断减小,但减小的幅度慢慢降低,同时动态过程的角度振幅也在增加。因此,要根据主要依赖的性能指标,选择一个合适的参数使其在合理的范围内。如果希望系统的角度调节时间最小,则选取 $Q_{11}=150,Q_{33}=50$,得到的响应曲线如图 1-22 和图 1-23 所示。

计算得到的反馈矩阵为

$$K = [-12.247\,4 \quad -9.176\,9 \quad 43.493\,3 \quad 7.079\,1] \tag{1-41}$$

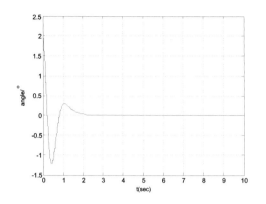

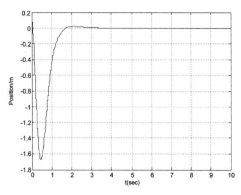

图 1 - 22　$Q_{11}=150,Q_{33}=50$ 时的角度仿真曲线　　　图 1 - 23　$Q_{11}=150,Q_{33}=50$ 时的位置仿真曲线

1.6　课后思考

① 如果要求调节时间 $t_s \leqslant 3$ s，超调量 $\sigma\% \leqslant 20\%$，请使用文中所述的两种控制方式进行调节并满足指标要求。

② 为什么在 PID 方案的阐述中一直是对角度进行控制？对位置进行平衡控制可行吗？请仿真并解答。

③ 通过前文所述，我们知道 LQR 控制方法是满足性能指标最优的情况下对系统所做的反馈，那么如果没有这个最优指标，单纯通过反馈，可以用极点配置的方法实现控制吗？

④ 在自动控制原理的学习中，除了文中所阐述的方法，我们还学习了根轨迹校正和频域校正，可以用这两种方式完成系统控制器的设计吗？

⑤ 文中所述模型为倒立摆初始为直立状态时，如果倒立摆系统初始为垂直向下，要求起摆并稳定在直立状态，请根据此种情况重新建模并分析。

⑥ 文中所述模型为直线一级倒立摆，如果增加一级至二级倒立摆，那么请对新的系统建模并任选一种方法进行控制器的设计。

参考文献

[1] 佚名. 摆与自动控制原理实验[R]. 固高科技（深圳）有限公司,2005.

[2] Mori S，Nishihara H，Furuta K. Control of unstable mechanical system control of pendulum[J]. International Journal of Control，1976，23(23)：673-692.

[3] 黄永宣. 自动平衡倒置摆系统——一个有趣的经典控制理论教学实验装置[J]. 控制理论与应用,1987,6：92-95.

[4] 张乃尧. 倒立摆的双闭环模糊控制[J]. 控制与决策,1996,1：85-88.

［5］胡寿松. 自动控制原理［M］. 6 版. 北京：科学出版社，2013.

［6］邱丽，曾贵娥，朱学峰. 几种 PID 控制器参数整定方法的比较研究［J］. 自动化技术与应用，2005，11：28-31.

［7］王彩霞. LQR 最优控制系统中加权阵的研究［J］. 西北民族大学学报（自然科学版），2003，6：29-31.

［8］张凤登，何介奎，钱维铁. 平行倒立摆的微型计算机控制［J］. 自动化学报，1989，10：458-462.

［9］Furuta K，Okutani T，Sone H. Computer Control of a Double Inverted Pendulum［J］. Computers and Electrical Engineering，1978，5(1)：67-84.

［10］Loscutoff. Application of modal control and dynamic observers to control of a double inverted pendulum［J］. IEEE，1972：857-865.

第2章 磁悬浮球控制系统

2.1 磁悬浮球控制系统介绍

2.1.1 磁悬浮球控制系统的基本原理

磁悬浮球控制系统是研究磁悬浮技术的平台,它主要由铁芯、线圈、光电源、位置传感器、放大及补偿装置、数字控制器和控制对象钢球等部件组成,是一个典型的吸浮式悬浮系统。磁悬浮球系统示意图如图2-1所示。

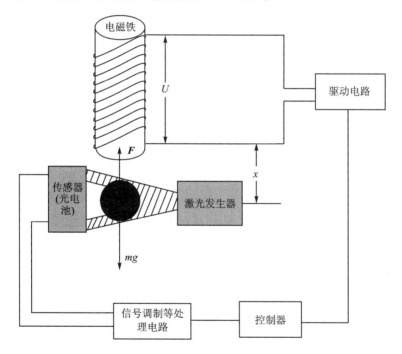

图2-1 磁悬浮球系统示意图

当电磁铁上的线圈绕组通电时,会产生稳定、方向垂直于电磁铁、磁通大小随着励磁电流大小变化而变化的电磁场,而位于磁场中的刚体会受到电磁力的吸引作用。当产生的电磁力与球体(金属刚体)的重力相等时,球体就可以悬浮于空中,处于平衡状态。然而这是一种不稳定的平衡状态,它不具备调节的能力,当它受到外界扰动时,如系统振动、电压线圈脉冲等,系统易失去平衡,即球体掉落或吸附于电磁铁上。

这种不稳定的平衡状态是由磁悬浮系统本身所固有的非线性特性决定的。因此,为了使系统稳定,就必须加上闭环反馈环节,实行闭环控制。当加入反馈环节之后,系统由光源和光电传感器组成的位置传感器获取球体的位置信号。位置信号放大后,送给控制器,控制器对位移信号进行控制算法处理后产生控制信号。功率放大器根据控制信号产生相应的励磁电流并送往执行机构电磁铁,电磁铁产生相应的电磁力用来克服球体重力,使得球体稳定在平衡点附近。

当球体受到外界干扰向下运动时,球体与电磁铁的间隙增大,位置传感器感应到的光强增大,其输出电压增大,经过控制器得到控制信号后,将其进行功率放大,使得电磁铁控制绕组的控制电流增大,电磁力增大,刚体被吸回平衡位置。反之原理相同。因此,经过添加反馈进行闭环控制后,刚体就能稳定地悬浮于给定的期望点,即使受到外界干扰,也能克服并恢复到原先位置。

2.1.2　电磁学理论基础

1. 电磁学的基本物理量

(1) 磁感应强度 $\boldsymbol{B}$

磁感应强度 $\boldsymbol{B}$ 定义为在磁场中垂直于磁场方向的通电导线所受的安培力 $\boldsymbol{F}$ 与电流 I 和导线长度 l 的乘积 Il 的比值。磁感应强度是表示磁场内某点磁场强弱和方向的物理量,单位为 T(特斯拉),其方向与电流的方向之间符合右手螺旋定则。当磁场中各点磁感应强度大小相等、方向相同时,称为均匀磁场。公式如下:

$$\boldsymbol{B} = \frac{\boldsymbol{F}}{Il} \tag{2-1}$$

(2) 磁通 Φ

磁通 Φ 定义为穿过垂直于 $\boldsymbol{B}$ 方向的面积 S 中的磁力线总数。在均匀磁场中,有

$$\Phi = \boldsymbol{B} \cdot \boldsymbol{S} \tag{2-2}$$

单位为 Wb(韦伯)。

当磁力线方向与 $\boldsymbol{B}$ 方向的截面积不垂直时,取垂直部分截面积,如图 2-2(a)所示。此时计算公式为

$$\Phi = \boldsymbol{B} S_\perp = \boldsymbol{B} S \cos\theta \tag{2-3}$$

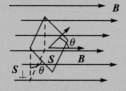
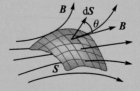

(a) 均匀磁场下的任意平面　　　　　(b) 一般磁场下的任意平面

图 2-2　磁通计算示意图

若是在非均匀磁场下的任意曲面,则计算时需要用到微元的思想,即 $\mathrm{d}\Phi = \boldsymbol{B} \cdot \mathrm{d}\boldsymbol{S}$,有

$$\Phi = \int_S \boldsymbol{B} \cdot \mathrm{d}\boldsymbol{S} \qquad (2-4)$$

（3）磁导率 μ

磁导率 μ 用来表示物质的导磁能力,它反映了给定的输入磁场产生磁通的难易程度,即介质导磁性能的物理量。磁导率 μ 的单位为 H/m(亨/米)。真空磁导率为常数,用 μ_0 表示,且有 $\mu_0 = 4\pi \times 10^{-7}$ H/m。在真空磁导率的基础上,将任一物质的磁导率 μ 与其做比,就得到了相对磁导率 μ_r,有

$$\mu_r = \frac{\mu}{\mu_0} \qquad (2-5)$$

不同的介质,磁导率 μ 不同,相对磁导率 μ_r 自然也不同,μ_r 越大,导磁性能越好,因此就有了不同的导磁材料。如果 $\mu_r \approx 1$,即物质磁导率 μ 与真空磁导率 μ_0 近似,就称之为非磁性材料,如空气、木材、纸、铝等。如果 $\mu_r \gg 1$,即物质磁导率 μ 远大于真空磁导率 μ_0,就称之为铁磁性材料,如铁、钴、镍及其合金等。电器设备如变压器、电机等都是将绕组套装在铁磁材料制成的、具有一定形状的铁芯上。当然,对于铁磁性材料,磁导率 μ 不是一个固定的值,它是一个变量,随着磁场的强弱而变化。

（4）磁场强度 $\boldsymbol{H}$

磁场强度定义为介质中某点的磁感应强度 $\boldsymbol{B}$ 与磁导率 μ 之比,有

$$\boldsymbol{H} = \frac{\boldsymbol{B}}{\mu} \qquad (2-6)$$

式中:$\boldsymbol{H}$ 和 $\boldsymbol{B}$ 同为矢量,且方向一致;$\boldsymbol{H}$ 的单位为 A/m(安培/米);$\boldsymbol{H}$ 的大小取决于电流的大小、载流导体的形状及几何位置,与磁介质无关。

2. 铁磁物质磁性的研究

（1）高导磁性

磁性材料主要是指铁、钴、镍及其合金等,其磁导率 μ 通常很高,能被强烈地磁化,具有很高的导磁性能。利用这种高导磁性能制成的铁芯,通入不太大的励磁电流,便可以产生较大的磁通和磁感应强度。

（2）磁饱和性

磁性物质由于磁化所产生的磁化磁场不会随着外磁场的增强而无限地增强。当外磁场增大到一定程度时,磁化磁场的磁感应强度将趋于某一定值,如图 2-3 所示。

图 2-3 中,B_0 为磁场内不存在磁性物质时的磁感应强度直线;B_J 为磁场内有磁性物质时的磁感应强度曲线;B 为 B_0 和 B_J 相加所得磁场的 $B-H$ 磁化曲线。可以看出,有磁性物质存在时,B 与 H 不成正比,而且磁导率 μ 不是常数,它随 H 的变化而变化,如图 2-4 所示。

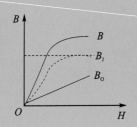

图 2-3　磁场内有无磁性物质时
其磁感应强度和磁场强度的关系

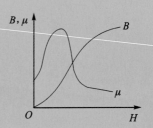

图 2-4　磁导率 μ 随
磁场强度 H 的变化曲线

（3）磁滞性

磁滞性表示磁性材料的磁感应强度 B 的变化总是滞后于外磁场变化的一种性质。当磁化电流为交变电流时，将未被磁化过的磁性材料放到磁场中，经过反复磁化后，其 B-H 关系曲线是一条闭合曲线，称为磁滞回线，如图 2-5 所示。

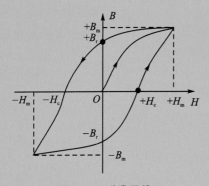

图 2-5　磁滞回线

图 2-5 中，当线圈中的电流减小到零（$H=0$）时，铁芯中的磁感应强度称为剩磁感应强度 B_r；当磁感应强度 $B=0$ 时，所需的磁场强度 H 称为矫顽磁力 H_c。

磁化物质不同，其磁滞回线和磁化曲线也不同。由此按照磁滞回线形状的不同，可将磁性材料分为软磁性材料、永磁性材料和矩磁性材料。其中软磁材料具有较小的矫顽力、较窄的磁滞回线，一般用来制造电机、变压器的铁芯，常用的材料有铸铁、硅钢等，磁悬浮系统上选用的基本上都是软磁性材料；永磁材料具有较大的矫顽力、较宽的磁滞回线，一般用来制造永久磁铁，常用的材料有碳钢等；矩磁材料具有较小的矫顽力、较大的剩磁，磁滞回线接近矩形，稳定性良好，一般用来制造计算机中的记忆元件、逻辑元件等，常用的材料有镁锰铁氧体等。

3. 毕奥-萨伐尔定律

毕奥-萨伐尔（Biot-Savart），分析了许多电流回路产生磁场的实验数据，总结出一条说明两者之间关系的普遍定律，称为毕奥-萨伐尔定律。如图 2-6 所示，电流元 Idl 在真空中给定场点 P 所激发的磁感强度 $d\boldsymbol{B}$ 的大小，与电流元的大小 Idl 成正比，与电流元的方向和由电流元到场点 P 的位矢 r 间的夹角（dl，r）之正弦成正比，可表示成 $\theta=(dl, r)$，并与电流元到点 P 的距离 r 的平方成反比，亦即

$$d\boldsymbol{B} = \frac{\mu_0}{4\pi} \cdot \frac{Idl \times r_0}{r^2} \qquad (2-7)$$

式中：$\mu_0 = 4\pi \times 10^{-7}$ N/A^2，为真空中的磁导率；r_0 为沿矢量 r 的单位矢量，有 $r_0 = r/r$，

电流元的磁感应强度大小为

$$dB = \frac{\mu_0}{4\pi} \cdot \frac{Idl\sin\theta}{r^2} \qquad (2-8)$$

方向为 $d\boldsymbol{B} \perp \boldsymbol{r}_0$，$I d\boldsymbol{l}$，即 $d\boldsymbol{B}$ 垂直于 $I d\boldsymbol{l}$ 和 $\boldsymbol{r}$ 所组成的平面，服从右手螺旋法则。

由此，一段长为 L 的直导线在 P 点产生的 $\boldsymbol{B}$ 是各个 $I d\boldsymbol{l}$ 在该处产生的 $d\boldsymbol{B}$ 的矢量叠加，有

$$\boldsymbol{B} = \int_L d\boldsymbol{B} = \frac{\mu_0}{4\pi} \int_L \frac{I d\boldsymbol{l} \times \boldsymbol{r}_0}{r^2} \qquad (2-9)$$

（1）载流圆线圈轴线上的磁场

如图 2-7 所示，假设在真空中，有一半径为 R 的载流导线，通过的电流为 I，设通过圆心并垂直于圆形导线平面的轴线上任意点 P 处的磁感强度为 B。在圆上任取一电流元 $I d\boldsymbol{l}$，其到点 P 的矢量为 $\boldsymbol{r}$，它在点 P 所激起的磁感强度 $d\boldsymbol{B}$ 为

$$d\boldsymbol{B} = \frac{\mu_0}{4\pi} \cdot \frac{I d\boldsymbol{l} \times \boldsymbol{r}_0}{r^2}$$

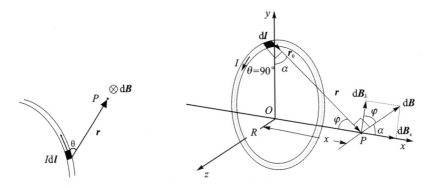

图 2-6　电流元的磁感应强度　　图 2-7　圆形载流导线中的磁感应强度示意图

由于 $I d\boldsymbol{l}$ 与单位矢量 $\boldsymbol{r}_0$ 垂直，所以 $\theta = 90°$，因此由式(2-8)，$d\boldsymbol{B}$ 的值为

$$dB = \frac{\mu_0}{4\pi} \frac{Idl}{r^2}$$

另外，可以把 $d\boldsymbol{B}$ 分解成两个分量：一个是沿 Ox 轴的分量 $d\boldsymbol{B}_x = dB\cos\alpha$；另一个是垂直于 Ox 轴的分量 $d\boldsymbol{B}_\perp = dB\sin\alpha$。考虑到圆上任一直径两端的电流元对 Ox 轴的对称性，故所有电流元在点 P 处的磁感应强度的垂直分量 $d\boldsymbol{B}_\perp$ 的总和应等于零，所以，点 P 处磁感应强度的数值只剩下平行分量的标量叠加，为

$$B = \int_L dB_x = \int_L dB\cos\alpha = \int_L \frac{\mu_0}{4\pi} \frac{Idl}{r^2}\cos\alpha$$

由于 $\cos\alpha = R/r$，且对给定点 P 来说，r、I 和 R 都是常量，所以有

$$B = \frac{\mu_0}{4\pi} \frac{IR}{r^3} \int_0^{2\pi R} dl = \frac{\mu_0}{2} \frac{R^2 I}{r^3} = \frac{\mu_0}{2} \frac{R^2 I}{(R^2 + x^2)^{3/2}} \qquad (2-10)$$

B 的方向垂直于圆形导线平面沿 Ox 轴正向。

由式(2-10)可以看出,当 $x=0$ 时,圆心点 O 处的磁感强度 B 的数值为

$$B = \frac{\mu_0}{2}\frac{I}{R}$$ (2-11)

若 $x \gg R$,即场点 P 在远离原点 O 的 Ox 轴上,则有

$$B = \frac{\mu_0 IR^2}{2x^3}$$ (2-12)

考虑圆电流的面积为 $S = \pi R^2$,则上式可写成

$$B = \frac{\mu_0}{2\pi}\frac{IS}{x^3}$$ (2-13)

(2)长直螺线管轴线上的磁场

如图 2-8 所示,假设螺线管长为 l,半径为 R,单位长度的匝数为 n,取一 dx 段螺线管元,此一段螺线管元为 $ndx \cdot I$,类似于圆线圈,且有

$$dB = \frac{\mu_0}{2}\frac{R^2 I'}{(R^2 + x^2)^{3/2}}$$

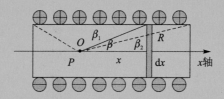

图 2-8 长直螺线管中的磁感应强度示意图

因此有

$$B = \int dB = \frac{\mu_0}{2}\int \frac{R^2 ndx \cdot I}{(R^2 + x^2)^{3/2}}$$ (2-14)

由图 2-8 可知,$x = R\cot\beta$,$dx = -R\dfrac{d\beta}{\sin^2\beta}$,代入上式则有

$$B = \frac{\mu_0 nI}{2}(\cos\beta_2 - \cos\beta_1)$$ (2-15)

对于无限长螺线管,有 $\beta_1 = \pi$,$\beta_2 = 0$,因此上式为

$$B = \mu_0 nI$$ (2-16)

在螺线管的两个端点,有 $\beta_1 = \dfrac{\pi}{2}$,$\beta_2 = 0$,因此式(2-15)为

$$B = \frac{\mu_0 nI}{2}$$ (2-17)

4. 自感与磁场能量

(1)自 感

由于线圈中电流变化,在自身回路中产生感应电流的现象叫自感现象。在学习物理知识时,经常会有如下例子解释自感这一现象。当合上开关 K 时,支路中灯泡

A 先亮,灯泡 B 后亮;断开 K 时,A 立即熄灭,B 会瞬间闪亮并熄灭。这便是电感的自感作用,它反映了电路元件维持原电路状态的能力,用自感系数 L 来衡量。其计算公式如式(2-18)及式(2-19)所示。自感现象示意图如图 2-9 所示。

$$L = \frac{\psi_{\mathrm{m}}}{I} \qquad\qquad (2-18)$$

或

$$L = \left| \frac{\varepsilon_L}{\mathrm{d}I/\mathrm{d}t} \right| \qquad\qquad (2-19)$$

式中:ψ_{m} 为回路中的全磁通;ε_L 为自感电动势,方向与回路本身电流方向相反。

在图 2-1 的磁悬浮系统中,有一线圈缠绕的铁芯线圈,放大如图 2-10 所示。假设其长为 l,截面积为 S,线圈总匝数为 N,铁芯磁导率为 μ。如果其中通入大小为 I 的电流,则有自感系数 L 的计算公式为式(2-20)。

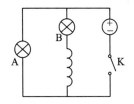
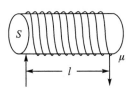

图 2-9　自感现象示意图　　　　　　图 2-10　直线圈

$$L = \frac{\psi_{\mathrm{m}}}{I} = \frac{N\Phi}{I} = \frac{NBS}{I} = \frac{N\mu nIS}{I} = \frac{\mu N^2 S}{l} \qquad\qquad (2-20)$$

(2) 磁场的能量

有磁场必然有能量,磁能量与磁场共存,是储存在磁场中的。在图 2-9 中,电感会产生自感现象,从而有自感电动势,其方向与电流方向相反。电源反抗自感电动势所做的功转化为载流线圈的能量储存在线圈中,该能量就称为自感磁能。

以图 2-10 所示的长直螺线管为例,其自感磁能的计算公式为

$$W = \frac{1}{2}LI^2 = \frac{1}{2}\frac{\mu N^2 S}{l}I^2 \qquad\qquad (2-21)$$

2.1.3　光电位置传感器分析

传感器是磁悬浮系统的核心组成部分之一,一般由激光光源和激光感应器两部分组成。在这里,我们需要传感器检测的是钢球的位置信号,该信号首先经过响应的前置处理放大,然后送往控制器。传感器的精度对系统的控制精度起着决定性的作用,因为控制系统的精度不可能超过传感器的精度。由于系统的控制作用主要是垂直方向,因此只要是非接触式的位移传感器,都适用于磁悬浮系统当中。

磁悬浮系统的位置检测一般要求具有精度高、运行可靠、抗干扰能力强等特点,方法也有很多种,从实现方式来分,可以分为两大类,即直接位置检测和间接位置检

测。由于间接位置检测的函数关系十分复杂,在求解过程中会有一定的误差,很难做到高精度,因此本文采用直接位置检测。直接位置检测具有检测精度高、检测位置准确,可靠性高、实现简单等特点,是目前位置检测中最常用的方案。

根据位置检测的工作原理和检测器件的不同,可以分为光电式、电磁式、磁敏式等方式。电磁式位置传感器工作可靠、适应性强,但体积较大,同时其输出波形为交流,一般需经整流、滤波后方可应用。磁敏式位置传感器以其体积小、记录线性好、所需主放大电路结构简单等优点已经逐渐替代了电磁式的位置传感器。光电式位置传感器一般由装在固定位置上的光电对管和遮挡光栅及转换电路构成,是利用光电对管检测遮挡光栅上刻划的明暗相间的条纹,在光电三极管的信号输出端产生高低电平的变化,从而达到检测转速与位置的目的。

根据磁悬浮系统本身的特点,可以选用直接位置检测技术中的光电式位置检测方案对钢球的相对位置进行检测,其工作示意图如图 2 - 1 所示。

光电式位置传感器主要利用传感器上的光敏面对光照的敏感性来检测光位移的变化。当浮体(钢球)的位置在垂直方向发生改变时,狭缝的透光面积也就随之改变,入射光照射到光敏材料的曝光度也发生变化,最后将位移信号转化为一个按一定规律(与曝光度成比例)变化的电压信号输出。

2.2　系统数学模型的建立

2.2.1　理论分析

1. 控制对象的运动方程

如图 2 - 1 所示,忽略球体受到的其他干扰力,则其在此系统中只受电磁吸力 F 和自身的重力 mg,且球体所受电磁力集中在中心点,中心点与质心重合。球在竖直方向的动力学方程可以描述(取向下方向为正,且 F 为矢量)如下:

$$m \frac{\mathrm{d}^2 x(t)}{\mathrm{d}t^2} = F(i, x) + mg \qquad (2 - 22)$$

式中:x 为小球质心到电磁铁磁极表面的瞬时气隙,单位为 m;i 为电磁铁绕组中的瞬时电流,单位为 A;m 为小球的质量,单位为 kg;$F(i, x)$ 为电磁吸力,单位为 N;g 为重力加速度,单位为 m/s^2。

2. 系统的电磁力模型

我们知道,功的计算等于力和物体在力的方向上移动的位移的乘积,如图 2 - 11 所示,即有

$$W = FX \cos \alpha \qquad (2 - 23)$$

由此,根据磁路的基尔霍夫定律、毕奥-萨伐尔定律,球体的电磁力可以表示为

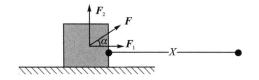

图 2-11　功的计算示意图

$$F(i,x) = \frac{\delta W_{\mathrm{m}}(i,x)}{\delta x} = \frac{\delta\left(\dfrac{\mu_0 K_{\mathrm{f}} A N^2 i^2}{2x}\right)}{\delta x} = -\frac{\mu_0 K_{\mathrm{f}} A N^2}{2}\left(\frac{i}{x}\right)^2 \quad (2-24)$$

式中：假设磁通在气隙处均匀分布，且电磁铁与球体组成的磁路的磁阻主要集中在气隙处；μ_0 为空气磁导率，且 $\mu_0 = 4\pi \times 10^{-7}$ H/m；N 为电磁铁线圈匝数；A 为铁芯的截面积，单位为 m^2；K_{f} 为电磁铁下方整个空气隙截面积换算到小球截面积的系数，严格计算 K_{f} 需用式(2-4)的方式计算式(2-24)中的磁通，这里给出实验公式：

$$K_{\mathrm{f}} = \left(\frac{\phi_{\mathrm{b}}}{\dfrac{\phi_{\mathrm{s}} - \phi_{\mathrm{c}}}{2} + \phi_{\mathrm{c}}}\right)^2 \quad (2-25)$$

式中：ϕ_{b} 为球体直径；ϕ_{s} 为螺线管直径；ϕ_{c} 为铁芯直径。

由于式(2-24)中 A、N、μ_0 均为常数，故可定义一常系数 K 为

$$K = -\frac{\mu_0 K_{\mathrm{f}} A N^2}{2} \quad (2-26)$$

则电磁力可改写为

$$F(i,x) = K\left(\frac{i}{x}\right)^2 \quad (2-27)$$

3. 电磁铁中控制电压与电流的模型

我们可以将电磁铁通电后的模型简化为如图 2-12 所示，即电阻 R 和电感 L，当然这个线圈产生的电感 L 与球体距离电磁铁的距离（即气隙 x）有关。

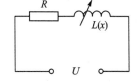

图 2-12　电磁铁电感特性

由回路电压方程易知：

$$U(t) = Ri(t) + L(x)\frac{\mathrm{d}i(t)}{\mathrm{d}t} \quad (2-28)$$

其中，电磁铁通电后所产生的电感 L 与球体到磁极的气隙有如下关系：

$$L(x) = L_1 + \frac{L_0}{1 + \dfrac{x}{a}} \quad (2-29)$$

式中：L_1 为线圈自身的电感；L_0 为球体在平衡点处线圈增加的电感；x 为小球到磁极面积的气隙；a 为磁极附近一点到磁极表明的气隙。

从式(2-29)可知，当 $x \to 0$ 时，$L \leqslant L_1 + L_0$；当 $x \to \infty$ 时，$L > L_1$；且在实验中有

$L_1 \gg L_0$，因此电磁铁绕组上的电感可以近似表达为

$$L(x) \approx L_1 \tag{2-30}$$

故式（2-28）写为

$$U(t) = Ri(t) + L_1 \frac{\mathrm{d}i(t)}{\mathrm{d}t} \tag{2-31}$$

4. 平衡时的边界条件

当小球处于平衡状态时，其加速度为零，即所受合力为零，小球的重力等于小球受到的向上的电磁吸引力，即平衡点处有

$$mg + \boldsymbol{F}(i_0, x_0) = 0 \tag{2-32}$$

5. 系统数学模型

联立式（2-22）、式（2-27）、式（2-31）与式（2-32），描述磁悬浮系统的方程可由下面方程确定：

$$\left. \begin{array}{l} m \dfrac{\mathrm{d}^2 x}{\mathrm{d}t^2} = \boldsymbol{F}(i, x) + mg \\[2mm] U(t) = Ri(t) + L_1 \dfrac{\mathrm{d}i(t)}{\mathrm{d}t} \\[2mm] \boldsymbol{F}(i, x) = K\left(\dfrac{i}{x}\right)^2 \\[2mm] mg + \boldsymbol{F}(i_0, x_0) = 0 \end{array} \right\} \tag{2-33}$$

2.2.2　系统模型的线性化处理

由式（2-33）可知，磁悬浮系统是一个典型的非线性系统，由于直接对非线性对象进行控制往往比较困难，需要对系统进行线性化处理。本书采用基于平衡点展开的线性化方法，即控制参数是基于某一平衡点求得。当系统工作在一个平衡点附近的有限区域时，该方法可以保证小范围稳定。

假设平衡点处小球的位移为 x_0，电磁铁线圈电流为 i_0，对式（2-27）在平衡点 (i_0, x_0) 作泰勒级数展开，省略高阶项可得

$$\boldsymbol{F}(i, x) = \boldsymbol{F}(i_0, x_0) + \boldsymbol{F}_i(i_0, x_0)(i - i_0) + \boldsymbol{F}_x(i_0, x_0)(x - x_0) \tag{2-34}$$

式中

$$\boldsymbol{F}_i(i_0, x_0) = \left. \frac{\delta \boldsymbol{F}(i, x)}{\delta i} \right|_{i=i_0, x=x_0} = \frac{2Ki_0}{x_0^2} \tag{2-35}$$

$$\boldsymbol{F}_x(i_0, x_0) = \left. \frac{\delta \boldsymbol{F}(i, x)}{\delta x} \right|_{i=i_0, x=x_0} = -\frac{2Ki_0^2}{x_0^3} \tag{2-36}$$

定义 $K_i = \dfrac{2Ki_0}{x_0^2}$，$K_x = -\dfrac{2Ki_0^2}{x_0^3}$。其中 K_i 为平衡点处电磁力对电流的刚度系数；K_x 为平衡点处电磁力对气隙的刚度系数。

将式（2-35）和式（2-36）代入式（2-34）有

$$\boldsymbol{F}(i,x) = \boldsymbol{F}(i_0,x_0) + K_i(i-i_0) + K_x(x-x_0) \tag{2-37}$$

又由式(2-22)与式(2-32),于是

$$\boldsymbol{F}(i,x) - \boldsymbol{F}(i_0,x_0) = K_i\Delta i + K_x\Delta x = m\frac{\mathrm{d}^2 x}{\mathrm{d}t^2} \tag{2-38}$$

由于是平衡点处的线性化,微元 Δi 与 Δx 可以用变量 i 与 x 代替,由此完整描述系统的微分方程为

$$\left. \begin{array}{l} m\dfrac{\mathrm{d}^2 x}{\mathrm{d}t^2} = K_i i + K_x x \\[3mm] U(t) = Ri(t) + L_1\dfrac{\mathrm{d}i(t)}{\mathrm{d}t} \end{array} \right\} \tag{2-39}$$

2.2.3　系统物理参数及其测量方法

1. 传感器标定

根据图 2-1 所示,传感器将小球的位移信号转换为电信号,可以通过传感器的标定得出传感器的气隙-电压关系。具体做法如下:

- 将标尺固定在传感器架上,使其零点处于电磁铁底端(即传感器的顶端),并取向下方向为正;
- 以 mm 为单位移动小球,同时记录传感器的输出电压;
- 记录至少 15 组数据,并在坐标纸上标出(纵轴为传感器输出电压,横轴为电磁铁到小球中心的气隙);
- 换算出传感器的数学模型。

图 2-13 所示为传感器标定示例,其中 x(mm)表示小球质心与电磁铁极端面之间的气隙(电磁铁极端面为零点,小球向下运动时,x 为正方向),系统中球体的最大行程为 28 mm;y 表示输出电压信号(V)。

由线性曲线拟合得直线方程如下:

$$y = kx + b = -0.428\,9x + 5.299\,2 \tag{2-40}$$

即

$$\Delta U = -0.428\,9\Delta x = K_s\Delta x \tag{2-41}$$

此方程即为传感器的工作曲线方程,亦即控制系统建模的理论公式。其中 K_s 即为气隙与电压的关系系数,单位为 V/mm,建模时需要根据实测确定。

2. 测量平衡点

小球平衡位置可以依据具体实验情况调整。在电磁铁控制范围内任取一平衡点 x_0,多次测量小球离开平衡位置时通过电磁铁的电流,取平均值作为 i_0。

3. 实际物理参数

表 2-1 给出具体参数取值,当实验系统不同时,参数要重新测量。另外,即便针对同一套系统,当更改平衡位置时,带有"＊"的参数要根据实际来测量和计算。

将参数代入上述磁悬浮系统的模型公式中,即可得到具体的数学模型,利用具体

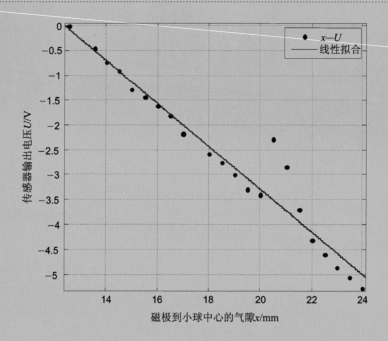

图 2 - 13　传感器静特性曲线

的数学模型对其进行仿真及控制。

表 2 - 1　系统的物理参数取值

参　数	值	参　数	值
球体质量 m	20 g	平衡点处气隙 x_0^*	18.0 mm
铁芯直径 ϕ_c	22.0 mm	平衡点处电流 i_0^*	0.62 A
球体直径 ϕ_b	25.0 mm	电磁力常数 K	$2.314\,2\times10^{-4}$ Nm^2/A^2
电磁铁线圈等效电阻 R	13.8 Ω	平衡点处电磁力对电流的刚度系数 K_i^*	0.885 7
线圈匝数 N	2 450 匝	平衡点处电磁力对气隙的刚度系数 K_x^*	−30.506 8
线圈自身电感 L_1	118 mH	传感器标定系数 K_s^*	−0.428 9 V/mm
截面积转换系数 K_f	0.25	功率放大系数 K_a	5.892 9

2.2.4　系统模型的建立

1. 输入量为电流 i，输出量为气隙 x

如果忽略电磁铁的感抗对系统的影响，则磁悬浮系统的数学模型即为式(2 - 39)的第一式。对其两端进行拉普拉斯变换，可得传递函数模型为

$$\frac{x(s)}{i(s)} = \frac{K_i}{ms^2 - K_x} \tag{2 - 42}$$

实际情况是用电压来表示对气隙和电流的控制的。

其中电压和电流的关系采用电压-电流型功率放大器,它主要是提高感性负载的驱动能力,可以将电压控制信号转变为电磁铁中的电流信号。在功率放大器的线性范围内,可以将这种电压、电流关系表示为一阶惯性环节:

$$\frac{U(s)}{I(s)} = \frac{K_a}{1 + T_a s} \tag{2-43}$$

式中:K_a 为功率放大器的增益;T_a 为功率放大器的时间常数,通常 T_a 很小,对系统的动态性能影响可以忽略。将功率放大环节近似为比例环节:

$$\frac{U(s)}{I(s)} = K_a \tag{2-44}$$

电压和气隙的关系则需要通过上文所述的传感器标定进行实测。如此结合式(2-41)与式(2-44),气隙-电流模型变为

$$\frac{U_o}{U_i} = \frac{K_s x(s)}{K_a i(s)} = \frac{K_s K_i}{K_a (m s^2 - K_x)} \tag{2-45}$$

式中:U_o 为气隙对应的电压;U_i 为电流对应的电压。为减少代数运算,代入式(2-30)、式(2-35)与式(2-36),且在平衡点处有 $mg = -K\left(\dfrac{i_0}{x_0}\right)^2$,则有

$$\frac{U_o}{U_i} = \frac{K_s x(s)}{K_a i(s)} = -\frac{K_s}{K_a} \frac{\dfrac{2g}{i_0}}{\left(s^2 - \dfrac{2g}{x_0}\right)} \tag{2-46}$$

取系统状态变量 $x_1 = u_o$,$x_2 = \dot{u}_o$,有系统的状态方程为

$$\left.\begin{array}{l}\begin{bmatrix} \dot{x}_1 \\ \dot{x}_2 \end{bmatrix} = \begin{bmatrix} 0 & 1 \\ \dfrac{2g}{x_0} & 0 \end{bmatrix}\begin{bmatrix} x_1 \\ x_2 \end{bmatrix} + \begin{bmatrix} 0 \\ -\dfrac{2g \cdot K_s}{i_0 \cdot K_a} \end{bmatrix} u_i \\[4mm] y = \begin{bmatrix} 1 & 0 \end{bmatrix}\begin{bmatrix} x_1 \\ x_2 \end{bmatrix} = x_1 \end{array}\right\} \tag{2-47}$$

将参数代入式(2-46)与式(2-47)得到

$$G(s) = \frac{U_o(s)}{U_i(s)} = \frac{2\,300.9}{s^2 - 1\,088.9} \tag{2-48}$$

$$\begin{bmatrix} \dot{x}_1 \\ \dot{x}_2 \end{bmatrix} = \begin{bmatrix} 0 & 1 \\ 1\,088.9 & 0 \end{bmatrix}\begin{bmatrix} x_1 \\ x_2 \end{bmatrix} + \begin{bmatrix} 0 \\ 2\,300.9 \end{bmatrix} U_i \tag{2-49}$$

可以看出,系统有一个极点位于复平面的右半平面,根据系统稳定性判据,磁悬浮球系统是本质不稳定的。

2. 输入量为电压 U,输出量为气隙 x

对式(2-39),设系统的状态变量为 $x_1 = x$,$x_2 = \dot{x}$,$x_3 = i$,则系统的状态空间方程为

$$\dot{\boldsymbol{X}} = \begin{bmatrix} \dot{x}_1 \\ \dot{x}_2 \\ \dot{x}_3 \end{bmatrix} = \begin{bmatrix} 0 & 1 & 0 \\ \dfrac{K_x}{m} & 0 & \dfrac{K_i}{m} \\ 0 & 0 & -\dfrac{R}{L_1} \end{bmatrix} \begin{bmatrix} x_1 \\ x_2 \\ x_3 \end{bmatrix} + \begin{bmatrix} 0 \\ 0 \\ \dfrac{1}{L_1} \end{bmatrix} U \right\} \qquad (2-50)$$

$$y = \begin{bmatrix} 1 & 0 & 0 \end{bmatrix} \begin{bmatrix} x_1 \\ x_2 \\ x_3 \end{bmatrix}$$

转化成传递函数形式有

$$G(s) = C(sI - A)^{-1}B + D = \frac{-K_i}{(L_1 s + R)(ms^2 + K_x)} \qquad (2-51)$$

其特征方程为

$$mL_1 s^3 + mR s^2 + K_x L_1 s + RK_x = 0 \qquad (2-52)$$

代入表 2-1,实际的物理参数有

$$\dot{\boldsymbol{X}} = \begin{bmatrix} \dot{x}_1 \\ \dot{x}_2 \\ \dot{x}_3 \end{bmatrix} = \begin{bmatrix} 0 & 1 & 0 \\ -1\,525.34 & 0 & 44.29 \\ 0 & 0 & -116.95 \end{bmatrix} \begin{bmatrix} x_1 \\ x_2 \\ x_3 \end{bmatrix} + \begin{bmatrix} 0 \\ 0 \\ 8.47 \end{bmatrix} U \qquad (2-53)$$

$$2.36 \times 10^{-3} s^3 + 0.276 s^2 - 3.60 s - 420.99 = 0 \qquad (2-54)$$

由于特征方程存在负数项,根据劳斯判据的必要条件易知系统不稳定。需要设计控制器控制电磁铁中的电流以使得气隙 x 稳定,从而使球体悬浮。

上述第一种模型又称为电流模型,可以看出其只有两阶,实际控制较易实现,对于大多数小型磁悬浮系统是可以满足控制要求的。然而,由于电磁铁为感性负载,励磁线圈的电感作用将阻止任何时刻电流的突变,因此实际上的电感作用不可忽视。所以电流模型与实际工作状况相比有微小的差别,而第二种电压模型则能更加准确地分析磁悬浮系统。本书中对控制算法的讲解以电流模型为例,学有余力的同学可依照以下内容自行设计电压模型的控制器。

2.2.5　系统的基础分析

同上一章所述,先分析系统的可控可观性。同理可在 MATLAB 中进行编程判断,语句如下:

```
clear;
A = [0 1;1088.9 0];
B = [0;2300.9];
C = [1,0];
D = [0];
[num,den] = ss2tf(A,B,C,D);
ctr = ctrb(A,B);
```

```
obe = obsv(A,C);
rank(ctr)
rank(obe)
```

可以得到 $\mathrm{rank}\,[\boldsymbol{B}\quad\boldsymbol{AB}]=2,\mathrm{rank}\begin{bmatrix}\boldsymbol{C}\\\boldsymbol{CA}\end{bmatrix}=2$，即系统的状态可控性矩阵的秩等于系统的状态变量维数，系统的输出可控性矩阵的秩等于系统输出向量的维数，所以磁悬浮实验系统既是可控的，又是可观的，因此可以对系统进行控制器设计，使系统稳定。

在 MATLAB 中键入 step 命令，得到磁悬浮系统的单位阶跃响应，如图 2 - 14 所示。

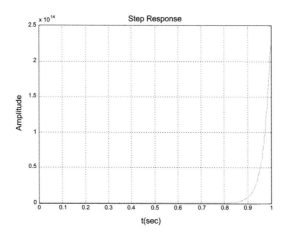

图 2 - 14　磁悬浮系统单位阶跃响应

由阶跃响应也可以得出，系统是一个不稳定系统。必须给系统设计控制器，以实现球体的稳定悬浮。

2.3　根轨迹控制设计

当系统的性能指标以时域指标提出时，可以借助根轨迹曲线获取校正装置的结构和参数。若期望主导极点在原根轨迹的左侧，则采用相位超前校正；若期望主导极点在原根轨迹上，则通过调整根轨迹增益，满足静态性能要求；若期望主导极点在原根轨迹的右侧，则采用相位滞后校正。根轨迹控制设计的一般步骤如下：

① 对被控对象（即未校正系统）进行性能分析，确定使用何种校正装置。

② 根据性能指标的要求，确定期望的闭环主导极点。

③ 确定校正系统的参数 z_c 和 p_c，写出其传递函数 $G_\mathrm{c}(s)$ 如下：

$$G_\mathrm{c}(s)=K_\mathrm{c}\,\frac{s+z_\mathrm{c}}{s+p_\mathrm{c}} \tag{2-55}$$

④ 绘制根轨迹图,确定 K_c。

⑤ 对校正后的系统进行性能校验。

2.3.1　基于根轨迹的相位超前校正

当不考虑稳态指标时设计步骤如下:

(1) 根据动态性能要求,确定闭环主导极点 s_a 的位置。

(2) 绘制校正前系统根轨迹,求出使根轨迹通过 s_a 点需要补偿的角度 ϕ。假设校正前系统开环传递函数为 $G_o(s)$,校正后系统开环传递函数为 $G(s)$,校正传递函数为 $G_c(s) = \dfrac{1+\alpha Ts}{1+Ts}$,则有 $G(s) = G_o(s) \cdot G_c(s)$。既然校正后系统根轨迹通过 s_a 点,那么根据根轨迹的相角条件有

$$\angle G(s) = \angle G_o(s) + \angle G_c(s) = (2k+1)\pi \qquad (2-56)$$

即

$$\phi = \angle G_c(s) = (2k+1)\pi - \angle G_o(s_a) \qquad (2-57)$$

(3) 确定 $G_c(s)$。不加证明给出如下步骤(按此步骤求得的附加增益最小):

① 过 s_a 点作水平线 $s_a s_b$。

② 作 $\angle s_b s_a O$ 的角平分线 $s_a s_c$。

③ 在 $s_a s_c$ 的两侧作 $\angle s_d s_a s_c = \angle s_e s_a s_c = \dfrac{\phi}{2}$,则 $s_d s_a$ 与负实轴交点即为 $-\dfrac{1}{\alpha T}$,$s_e s_a$ 与负实轴交点即为 $-\dfrac{1}{T}$,且根据图中几何关系,有

$$\angle s_a s_d O = \frac{1}{2}(\pi - \beta - \phi), \qquad \angle s_a s_e O = \frac{1}{2}(\pi - \beta + \phi) \qquad (2-58)$$

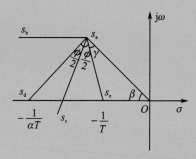

图 2 - 15　确定超前网络零极点

④ 画出校正后系统根轨迹,并由幅值条件求出根轨迹增益。

2.3.2 基于根轨迹的相位滞后校正

设校正前系统的开环传递函数为

$$G_o(s) = K_r \frac{\prod\limits_{j=1}^{m}(s-z_j)}{s^v \prod\limits_{i=v+1}^{n}(s-p_i)}$$

则其开环增益为

$$K = K_r \frac{\prod\limits_{j=1}^{m} z_j}{\prod\limits_{i=v+1}^{n} p_i}$$

由根轨迹幅值条件得根轨迹增益为

$$K_r = \frac{|s|^v \prod\limits_{i=v+1}^{n}|s-p_i|}{\prod\limits_{j=1}^{m}|s-z_j|}$$

设校正网络为 $G_c(s) = \dfrac{1+bTs}{1+Ts}$，$b<1$，则校正后系统开环传递函数为

$$G(s) = G_o(s)G_c(s) = K_{rc} \frac{\prod\limits_{j=1}^{m}(s-z_j)}{s^v \prod\limits_{i=v+1}^{n}(s-p_i)} \cdot \frac{1+bTs}{1+Ts}$$

由于是滞后校正，校正装置的零极点相对于期望闭环主导极点 s_a 来说，是一对偶极子，而且离虚轴越近越好。因此校正后系统在 s_a 点处的根轨迹增益有

$$K_{rc} = \frac{|s_a|^v \prod\limits_{i=v+1}^{n}|s_a-p_i|}{\prod\limits_{j=1}^{m}|s_a-z_j|} \cdot \frac{|1+Ts_a|}{|1+bTs_a|} \approx K_r \frac{1}{b} \qquad (2-59)$$

校正后系统的开环增益为

$$K_c = K_{rc} \frac{\prod\limits_{j=1}^{m} z_j}{\prod\limits_{i=v+1}^{n} p_i} = \frac{K}{b} \qquad (2-60)$$

即校正后系统的开环增益是校正前系统的 $\dfrac{1}{b}$。

设计步骤如下：

① 画校正前系统根轨迹，根据动态性能指标，在根轨迹上确定期望闭环主导极点 s_a。

② 确定校正前系统的开环增益 K。

③ 根据稳态指标求出系统所需的误差系数 K_0。

④ 求出系统为了满足稳态性能指标，误差系数需要增加的倍数 $\dfrac{1}{b} = \dfrac{K_0}{K}$，这个需要增加的倍数由滞后网络的这一对偶极子提供。

⑤ 选择滞后校正网络的零点 $-Z_c$ 与极点 $-P_c$，使其满足 $\dfrac{Z_c}{P_c} = \dfrac{1}{b}$，并要求 $-Z_c$ 和 $-P_c$ 离原点越近越好。但 T 不应取得过大，否则物理上难以实现。一般取

$$0° < \angle G_c(s_a) = \angle \left(\frac{1 + bTs_a}{1 + Ts_a} \right) \leqslant 3° \tag{2-61}$$

根据经验 T 通常取 $2 \sim 4$。

⑥ 画出校正后系统的根轨迹，并调整根轨迹增益，使闭环极点处于期望位置。

2.3.3　使用根轨迹法设计磁悬浮球系统控制器

1. 超前控制器的设计

设计控制器使得校正后的系统满足如下要求：调节时间 $t_s \leqslant 0.2\,\mathrm{s}\,(2\%)$；超调量 $\sigma \leqslant 10\%$；稳态精度阶跃输入下 $e_{ss} \leqslant 0.05$。设计步骤如下：

① 由以下性能指标公式可以确定闭环期望极点 s_a 在复平面区域。

$$\left.\begin{array}{l} t_s = \dfrac{4}{\zeta \omega_n} \leqslant 0.2 \\[2mm] \sigma = e^{-\pi\zeta/\sqrt{1-\zeta^2}} \leqslant 10\% \end{array}\right\} \tag{2-62}$$

可以得到

$$\left.\begin{array}{l} \zeta \omega_n \geqslant 20 \\ \zeta \geqslant 0.6 \\ \beta \leqslant 53.13° \end{array}\right\} \tag{2-63}$$

根据性能指标，可以得到闭环极点的区域为如图 2-16 所示中的阴影部分。

因此取 $\beta = 50°$，则 $\zeta = 0.64$，$\omega_n = 31.25$，取 $\omega_n = 32$，则一对期望的闭环极点为

$$s_a = 32(-\cos 50° \pm j\sin 50°)$$

② 由图 2-16 易知，期望主导极点在原根轨迹的左侧，因此需要对系统进行超前校正，设校正控制器如式（2-55）所列。

③ 将期望极点代入原系统 $G_0(s) = \dfrac{2\,300.9}{s^2 - 1\,088.9}$，计算原系统对于期望极点的相位：

$$\left. \angle \frac{2\,300.9}{s^2 - 1\,088.9} \right|_{s=s_a} = -218.53°$$

因此校正装置提供的相角为

$$\phi = -180° - (-218.53°) = 38.52°$$

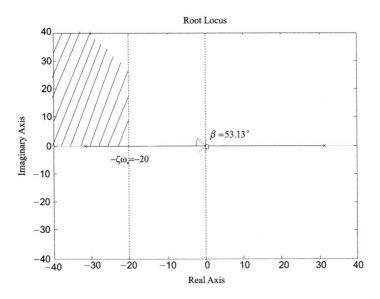

图 2 - 16　期望指标下的闭环极点区域

④ 按上述超前校正的第③步作图,如图 2 - 17 所示,则 $s_\mathrm{d}s_\mathrm{a}$ 与负实轴交点为 —44.46,$s_\mathrm{e}s_\mathrm{a}$ 与负实轴交点即为 —23.03。

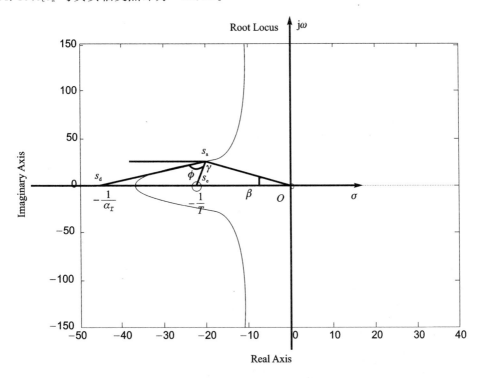

图 2 - 17　磁悬浮系统超前校正后的根轨迹

因此串联超前的校正传递函数为 $G_c(s) = K_c\dfrac{s+23.03}{s+44.46}$，校正后系统的开环传递

函数为

$$G(s) = G_o(s)G_c(s) = \frac{K_c(s+23.03)}{s+44.46}\frac{2\,300.9}{s^2-1\,088.9}$$

⑤ 由幅值条件 $|G(s_a)H(s_a)| = 1$，并设反馈为单位负反馈，因此有

$$K_c = \frac{|s_a+44.46| \cdot |s_a-\sqrt{1\,088.9}| \cdot |s_a+\sqrt{1\,088.9}|}{2\,300.9|s_a+23.03|} = 0.98$$

⑥ 如此便得到了系统的串联超前校正控制器：

$$G_c(s) = \frac{0.98(s+23.03)}{s+44.46} \tag{2-64}$$

串联超前校正控制器可以通过实际手绘并计算得到，也可以通过 MATLAB 编程实现。以下给出编程示例：

```
clear;
clc;
wn = 32;beta = 50 * pi/180;
sa = 32 * ( - cos(beta) + i * sin(beta)); % desired poles
restBeta = angle(sa);
num = 2300.9;
den = [1 0 - 1088.9];
numDesire = polyval(num,sa);
denDesire = polyval(den,sa);
 % System before compensation at the point of desired poles
GoSa = numDesire/denDesire;
theta = angle(GoSa);
 % get the phi angle
if theta>0;
    phi = pi - theta;
end
if theta<0;
    phi = - theta;
end
angleSz = (restBeta + phi)/2; % get the angel of zero
angleSp = (restBeta - phi)/2; % get the angle of pole
zc = real(sa) - imag(sa)/tan(angleSz); % zero
pc = real(sa) - imag(sa)/tan(angleSp); % pole
numc = [1 - zc];
denc = [1 - pc];
numvalueDesire = polyval(numc,sa); % put desired pole into compensation TF
denvalueDesire = polyval(denc,sa);
```

```
% compensation TF at the point of desired poles
GcSa = numvalueDesire/denvalueDesire;
kc = 1/((abs(GoSa) * abs(GcSa)))
if theta<0;
    kc = - kc;
end
Gc = tf(numc,denc)
```

其实上述过程无非是增加了一个开环零点和一个开环极点,因此可以在得到图 2-16 之后,根据经验得出上述结论。例如由图 2-16 知根轨迹落于虚轴和左右半平面,因此可以考虑增加开环零点的方式将根轨迹左移。而如果只增加开环零点,则势必使分子阶次高于分母,系统不易实现,因此同时增加一个位于左半平面的极点。只要开环零极点选择合适,一样可以得到图 2-17。之后利用 rlocfind 命令,在根轨迹图中选取合适的增益即可。

2. 超前校正的仿真调试

由校正前开环传递函数,根据串联超前计算出其校正函数,则编写如下程序即可得系统响应:

```
clc;
clear;
numo = [2300.9];
deno = [1 0 - 1088.9];
syso = tf(numo,deno);
numc = [1 23.03];
denc = [1 44.46];
sysc = tf(numc,denc);
Kc = 0.98;
sys = syso * sysc * Kc;
sysF = feedback(sys,1)
figure(1)
rlocus(sys);
figure(2)
t = 0:0.001:3;
step(sysF,t);
xlabel('t');
ylabel('c(t)')
```

运行程序后得系统根轨迹如图 2-17 所示,运行程序后得到磁悬浮系统超前校正后的单位阶跃响应,如图 2-18 所示。

通过图 2-18 的单位阶跃响应可以分析出如下几点:

① 系统无超调,调节时间大约需要 1.5 s,系统的稳态误差较大。

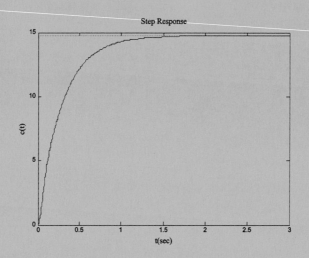

图 2 - 18　磁悬浮系统超前校正后的单位阶跃响应(一次)

② 在 10％的超调要求下设计出的校正环节阶跃响应无超调,说明超前校正对系统的动态性能具有较好的调节作用,但是过于平滑的过渡过程拖慢了系统的调节时间,因此可以考虑牺牲一部分过渡过程平稳性的性能,使系统的调节过程加快。

③ 系统有较大的静态误差,超前对于稳态误差的改善较弱,可以考虑设计滞后装置加以改善。

针对如上所述,如果将超调的要求放宽至 $\sigma \leqslant 20\%$,则有 $\zeta \geqslant 0.46, \beta \leqslant 62.88°$。取 $\beta = 62°$,则 $\omega_n \geqslant 42.6$,取 $\omega_n = 43$。代入程序中,可得

$$G_c(s) = \frac{1.686\,8(s+29.01)}{s+63.73}$$

由新的校正函数得系统校正后的单位阶跃响应如图 2-19 所示。可以看出系统的超调量并没有超过 10％,可以依照此思路继续调整参数直至最佳。

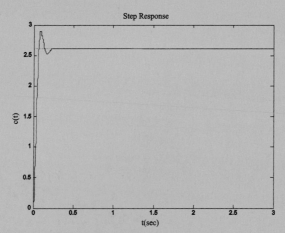

图 2 - 19　磁悬浮系统超前校正后的单位阶跃响应(多次)

3. 滞后控制器的设计

通过上述一次超前校正,控制系统开环传递函数为

$$G(s) = G_o(s)G_c(s) = \frac{0.98(s+23.03)}{s+44.46} \cdot \frac{2300.9}{s^2-1088.9}$$

下面继续按照滞后校正的步骤设计:

① 此时系统的开环增益 K 为

$$K = \frac{0.98 \times 23.03}{44.46} \cdot \frac{2300.9}{1088.9} = 1.0727$$

② 根据稳态指标得系统的静态误差系数 $K_0 \approx 20$。

③ 根据公式 $\frac{1}{b} = \frac{K_0}{K}$,有 $b=0.05364$。

④ 根据式(2-61)或经验值,选取 T 值,即得到滞后网络传递函数 $G_{clag}(s) = \frac{1+bTs}{1+Ts}$。

当取 $T=3$ 时,有系统的根轨迹如图 2-20 所示。

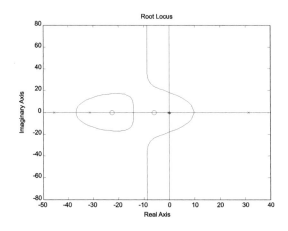

图 2-20　磁悬浮系统超前滞后校正后的根轨迹

⑤ 调整根轨迹增益,使闭环极点处于期望位置,则得到阶跃响应如图 2-21 所示,此时稳态精度满足要求,但动态性能欠佳。

这一点可以从根轨迹上分析,由于渐近线为 $\pm\frac{\pi}{2}$,使得复平面根轨迹近似垂直于实轴,因此动态性能随着增益调到一定位置后,很难有改善的上升空间。因此单纯通过同时增加零极点很难同时对动态性能和稳态性能做出保证。但是从图 2-20 的根轨迹上可以发现,如果希望无穷远处根轨迹不垂直于实轴,可以使渐近线呈 π、$\pm\frac{\pi}{3}$ 等角度。又考虑到开环零点对系统稳定性的改善作用,假设去掉最左侧极点,则可以得到系统响应如图 2-22 所示。此时可以继续调整增益直至最佳。当然,此时校正元件分子阶次高于分母阶次,从实际角度来说是不易实现的。但是可以按照这样的

零极点分布思路重新设计校正方式,或者采用其他控制算法。

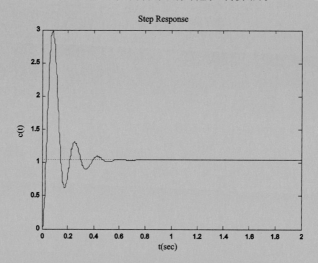

图 2 - 21　磁悬浮系统超前滞后校正的单位阶跃响应(多次)

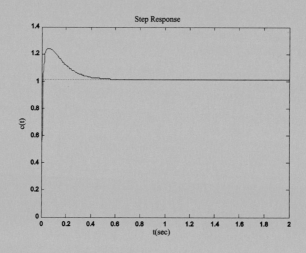

图 2 - 22　"超前"滞后校正的单位阶跃响应(附加开环零极点对系统性能的改善)

由调试过程可以得出:

① 超前的作用是使响应加快,系统的稳定性增加;滞后的作用是改善系统的稳态精度,但减慢响应速度;如果系统的动态性能和稳态性能都要改善,则需要同时采用超前校正和滞后校正。

② 严格的稳态精度指标是需要牺牲一些动态性能指标的。在实际调试时,需要根据着重的指标,进行最佳参数的配比,使得系统能够稳定运行。

③ 根轨迹调试的步骤和参数较多,控制性能很难兼顾,可以考虑其他控制方式;但是根轨迹校正可以帮助我们深入理解开环零极点对系统性能的影响。

另外,在实际设计超前滞后网络时,应将其作为一个元部件设计,而不是把超前校正和滞后校正作为分离元件分别引入。

2.4 PID 控 制 设 计

PID 控制的原理和参数调试在第 1 章中已有阐述,可以直接利用 MALTAB 中的 SIMULINK 设计含有 PID 控制器的闭环控制系统,如图 2 - 23 所示。其中,PID 控制器已经封装在 Subsystem 中,K_p 表示比例参数,K_i 表示积分参数,K_d 表示微分参数。

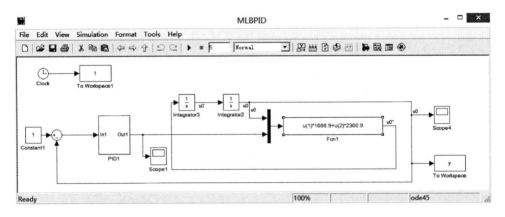

图 2 - 23 磁悬浮系统 PID 控制系统

根据第 1 章中的 PID 参数校正的方式,先将积分、微分系数设为零,只调比例环节,当输出由发散调至等幅振荡时,$K_p = 0.6$,如图 2 - 24 所示。从图中可以看出,在 5 s 内共有约 13.5 个周期,故计算得周期为 $P_{cr} = 6 \text{ s}/13.5 \approx 0.44 \text{ s}$。

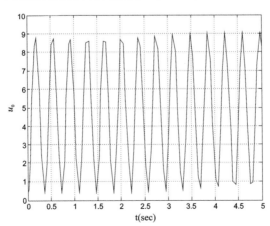

图 2 - 24 $K_p = 0.6$ 时的系统仿真图

调整的参数有 $K_p = 0.6 K_{cr} = 0.36$,$T_i = 0.5 P_{cr} = 0.22$,$T_d = 0.125 P_{cr} = 0.055$。

因此 $K_p = 0.36, K_i = \dfrac{1}{T_i} = 4.55, K_d = T_d = 0.055$。利用这三个参数得到的仿真结果系统发散,如图 2 - 25 所示。

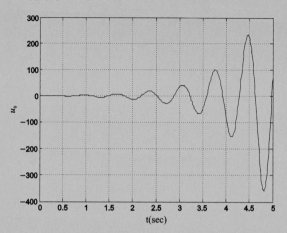

图 2 - 25　$K_p = 0.36, K_i = 4.55, K_d = 0.055$ 时的系统仿真图

编制如下程序,画出此时系统根轨迹如图 2 - 26 所示,可以看出 PID 增加的两个零点过于靠近虚轴,因此对原系统的改善作用非常有限。

```
clc;
clear;
kp = 0.36;ki = 4.55;kd = 0.055;
numo = [2300.9];
deno = [1 0 - 1088.9];
syso = tf(numo,deno);
numPID = [kd kp ki];
denPID = [1 0];
sysc = tf(numPID,denPID);
sys = syso * sysc;
sysF = feedback(sys,1)

figure(1)
rlocus(sys);
figure(2)
t = 0:0.001:5;
step(sysF,t);
xlabel('t');
ylabel('u0');
gridon;
```

我们知道,PID 控制器传递函数可以表示为

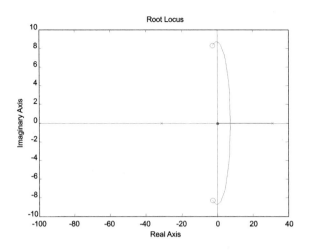

图 2 - 26　$K_p = 0.36, K_i = 4.55, K_d = 0.055$ 时的系统根轨迹图

$$G_{pid} = K_p + K_i \frac{1}{s} + K_d s = \frac{K_d s^2 + K_p s + K_i}{s} \tag{2-65}$$

其增加的积分环节可以调整系统的稳态性能,增加的两个开环零点可以调整系统的动态性能。其零点公式为

$$s = \frac{-K_p \pm \sqrt{K_p^2 - 4K_i K_d}}{2K_d} \tag{2-66}$$

因此让附加的开环零点远离虚轴,最直接的方式就是增大 K_p。当 K_p 增大至 2.5 时,系统响应曲线如图 2 - 27 所示。此时系统的稳态精度达到指标,但是超调量仍然较大。可以依据 PID 参数的调节法则继续调节使之最佳。

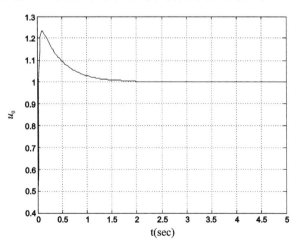

图 2 - 27　$K_p = 2.5, K_i = 4.55, K_d = 0.055$ 时的系统仿真图

如果有实物调试,需要注意的是实际系统是离散 PID,与仿真所用的模拟 PID 参

数之间有一个采样周期倍数的关系。

2.5　模糊 PID 控制设计

2.5.1　模糊控制算法的工作原理

所谓"模糊",指的是客观事物彼此之间的差异在中间过渡时界限不分明。而在实际的生产或实验中,存在着大量的模糊现象。而模糊控制是模仿人的控制,是将人们的经验及常识通过语言表达出来,需要综合考虑众多的控制策略,是一种常识推理。前述 PID 控制是一种常规控制,是需要建立在精确模型基础上的,而模糊控制不依赖于精确的数学模型。

那么一般在什么情况下会用到模糊控制呢？这里有如下两条准则:

① 被控系统的数学模型得不到,但是具有强的非线性、时变或者具有时间滞后特性;

② PID 控制无法得到满意的系统性能。

当发生上述情形之一时,我们就可以把人的操作经验归纳成一系列的规则,存放在计算机中,利用模糊集理论将它定量化,使控制器模仿人的操作策略,这就是模糊控制器,用模糊控制器组成的系统就是模糊控制系统,如图 2 - 28 所示。在这个过程中有三个步骤:

① 测量信息的模糊化处理:将实测物理量(确定值)转化为相应模糊语言变量值(模糊值)的过程。该语言变量均由对应的隶属度来定义。一般的模糊控制器采用误差及误差的变化量作为输入。

② 模糊推理机制使用数据库和规则库:根据当前的系统状态信息来决定模糊控制的输出子集。模糊推理一般用 IF A THEN B 形式的条件语句来描述。

③ 模糊集的精确化计算:将推理机制得到的模糊控制量转化为一个清晰、确定的输出控制量的过程。

对于模糊控制器,一般性的设计原则如下:

① 确定模糊控制器的输入变量及输出变量。一般取误差 e 和误差的变化量 $\dot{e}$ 作为输入变量,输出变量取为 u。

② 输入输出变量的模糊化。

③ 设计模糊控制器的控制规则。

④ 确定模糊化和解模糊的方法。

⑤ 选择模糊控制器的输入变量及输出变量的论域,并确定模糊控制器的参数(如量化因子、比例因子等)。

⑥ 编制模糊控制算法的应用程序。

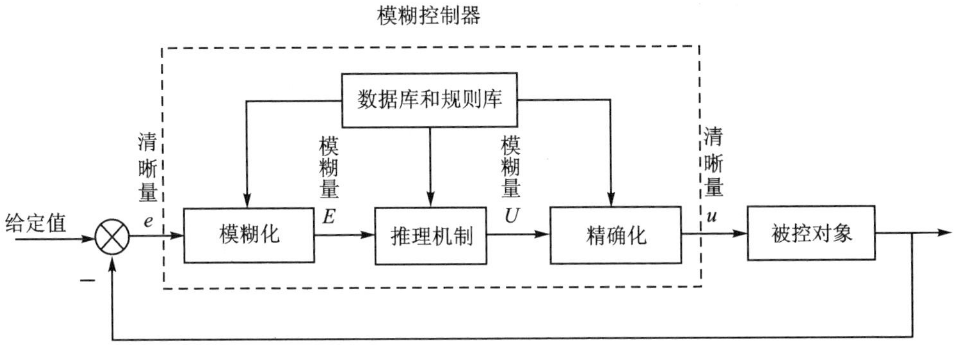

图 2-28 模糊控制系统的基本结构图

2.5.2 模糊控制算法的理论基础简述

1. 集合论基本知识点

① 论域：被讨论对象的全体称作论域。论域常用大写字母 U、X、Y、Z 等来表示。

② 元素：论域中每个对象称为元素。元素常用小写字母 a、b、x、y 等来表示。

③ 集合：给定一个论域，论域中具有某种相同属性的元素的全体称为集合。集合常用大写字母 A、B、C 等来表示，集合的元素可以用列举法和描述法来表示。所谓列举法，是将集合的元素一一列出，如 $A = \{a_1, a_2, a_3, \cdots, a_n\}$；描述法是通过对元素的定义来描述集合，如 $A = \{x \mid x \geqslant 0 \text{ and } x/2 == 1\}$。

④ 模糊矩阵：一个矩阵内所有元素都在 $[0, 1]$ 闭区间内取值的矩阵，称为模糊矩阵。模糊矩阵的并、交、补运算就是将两个模糊矩阵对应元素取大（取小、取补）。

⑤ 模糊矩阵的合成：模糊矩阵的合成类似于普通矩阵的乘积。将乘积运算换成"取小"，将加运算换成"取大"即可。设矩阵 A 是 $x \times y$ 的模糊关系，矩阵 B 是 $y \times z$ 的模糊关系，则 $C = A \circ B$ 称为 A 与 B 矩阵的合成，合成算法为

$$c_{ij} = \bigvee_k \{a_{ik} \wedge b_{kj}\} \tag{2-67}$$

2. 隶属函数

用一个在 $0 \sim 1$ 之间取值的函数来表示一件事属于所考虑事件的程度，这个函数就称为隶属函数。例如用描述法表示一个集合 A 由 $x > 1$ 的连续实数组成，则有

$$A = \{x \mid x \in R, \text{ and } x > 1\}$$

那么对于任意元素 x，只有两种可能，即属于 A 或不属于 A。我们可以用特征函数来描述：

$$\mu(x) = \begin{cases} 1, & x \in A \\ 0, & x \notin A \end{cases}$$

这时特征函数 $\mu(x)$ 是确定的，是完全不模糊的。为了表示元素 x 属于 A 的程

度,引入模糊集合 A 和隶属函数 $\mu_A(x)$,则

$$\mu_A(x) = \begin{cases} 1, & x \in A \\ (0,1), & x \text{ 属于 } A \text{ 的程度} \\ 0, & x \notin A \end{cases}$$

此时 A 称为模糊集合,由 0、1 及 $\mu_A(x)$ 构成,表示元素 x 属于模糊集合 A 的程度,取值范围为[0,1],称 $\mu_A(x)$ 为元素 x 属于模糊集合 A 的隶属度。

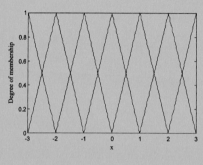

图 2-29　三角形隶属函数

在模糊控制中应用较多的隶属函数有高斯型隶属函数(gaussmf)、广义钟形隶属函数(gbellmf)、S 形隶属函数(sigmf)、梯形隶属函数(trapmf)、三角形隶属函数(trimf)和 Z 形隶属函数(zmf)。以三角形隶属函数为例,如果按[-3,3]的范围设 7 个等级,用来表示{负大,负中,负小,零,正小,正中,正大},则仿真结果如图 2-29 所示。

3. 知识库(Knowledge Base,KB)

知识库由数据库和规则库两部分构成。

① 数据库(Data Base,DB):数据库存放的是所有输入、输出变量的全部模糊子集的隶属度矢量值(即经过论域等级离散化以后对应值的集合)。若论域为连续域,则为隶属函数。在规则推理的模糊关系方程求解过程中,向推理机提供数据。

② 规则库(Rule Base,RB):模糊控制器的规则是基于专家知识或手动操作人员长期积累的经验,它是按人的直觉推理的一种语言表示形式。常用的有两种模糊条件推理语句:

If A then B else C;

和

If A AND B then C;

模糊规则库就是由一组模糊 if-then 规则组成,模糊推理机使用模糊规则来确定从输入模糊集合到输出模糊集合的一个映射。例如表 2-2 所列为模糊控制中常见的规则库。

表 2-2 中:NB 为负大,NM 为负中,NS 为负小,ZO 为零,PS 为正小,PM 为正中,PB 为正大;模糊控制系统输入变量为误差和误差变化,它们对应的语言变量为 E 和 EC;模糊控制系统输出变量为 U。这个规则表不是固定的,是根据不同的系统由专家根据知识经验给出的,这里仅给出一个示例。这样由表中就可以给出一组模糊规则,如"if E is NB and EC is NB, then U is PB"。

表 2 - 2　模糊控制规则库

U \ EC \ E	NB	NM	NS	ZO	PS	PM	PB
NB	PB	PB	PM	PM	PS	ZO	ZO
NM	PB	PB	PM	PS	PS	ZO	NS
NS	PM	PM	PM	PS	ZO	NS	NS
ZO	PM	PM	PS	ZO	NS	NM	NM
PS	PS	PS	ZO	NS	NS	NM	NM
PM	PS	ZO	NS	NM	NM	NM	NB
PB	ZO	ZO	NM	NM	NM	NB	NB

4. 模糊推理

模糊推理是在模糊控制器中,根据输入模糊量,由模糊控制规则完成模糊推理来求解模糊关系方程,并获得模糊控制量。

例如,图 2 - 30 是一个二输入单输出模糊控制器,设其中 A 为误差变量 E 在论域 x 上的模糊子集,B 为误差变化率变量 EC 在论域 y 上的模糊子集,C 为输出变量 U 在论域 z 上的模糊子集。根据模糊规则"If A AND B then C"确定了三元模糊关

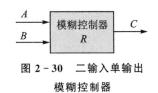

图 2 - 30　二输入单输出
模糊控制器

系 R,模糊推理则是根据这种关系将最终的输出以一种模糊量显示出来,而不再是模糊语言。常用的模糊推理方法是 Mamdani 理论,即在推导过程中对集合采取了最大最小运算法则。

5. 解模糊化

推理结果的获得,表示模糊控制的规则推理功能已经完成。但是,至此所获得的结果仍是一个模糊矢量,不能直接用来作为控制量,还必须作一次转换,求得清晰的控制量输出,即为解模糊。常用的解模糊化有如下两种方法:

(1) 最大隶属度法

最大隶属度法是将解模糊化后得到的控制规则中选取隶属度最大的元素 U 作为精确输出控制量。如有模糊控制规则:

$$C^* = \frac{0.5}{-6} + \frac{1}{-4} + \frac{0.5}{-2} + \frac{0}{0} + \frac{0}{2} + \frac{0}{4} + \frac{0}{6}$$

其中,元素 -4 对应的隶属度最大,则根据最大隶属度法得到精确控制量输出为 -4。如果在模糊输出量中有若干个相同的最大值,则取相应诸元素的平均值,四舍五入取整作为控制量。

最大隶属度法不考虑输出隶属函数的形状,只考虑最大隶属度处的输出值。因

此,难免会丢失许多信息。但是这种方法计算简单,在一些控制要求不高的场合可采用。

（2）加权平均法

加权平均法是对模糊输出量中各元素及其对应的隶属度求加权平均值,并四舍五入取整来得到精确输出控制量。如有模糊控制规则:

$$C^* = \frac{1}{-6} + \frac{1}{-4} + \frac{0.5}{-2} + \frac{0}{0} + \frac{0}{2} + \frac{0}{4} + \frac{0}{6}$$

利用加权平均法有

$$U^* = \left\langle \frac{1 \times (-6) + 1 \times (-4) + 0.5 \times (-2)}{0.5 + 1 + 1} \right\rangle = -4$$

其中,符号〈〉表示取整运算。工业控制中广泛使用的反模糊方法为加权平均法。

6. 输入量化与输出量化

输入量化是将输入变量的基本论域转换为其相应语言化变量的论域。例如,对于偏差 e 来说,其语言化变量为 E,论域为 $[-3, 3]$,这时就需要将偏差 e 乘以相应的量化因子进行输入量化,以便将 e 的论域变为 $[-3, 3]$。同理,偏差变化量 ec 及输出变量 u 也同样需要经过量化转换到各自的论域上。模糊控制器中两个量化因子和一个比例因子对控制效果有较大影响。

以上仅为模糊控制中非常基本的认知,如果读者想深入研究,请参阅模糊控制论的相关书籍。

2.5.3　模糊 PID 控制器的结构与参数

1. 模糊 PID 控制器的结构

模糊 PID 控制器的结构主要由参数可调的 PID 和模糊控制器两部分组成,如图 2-31 所示。

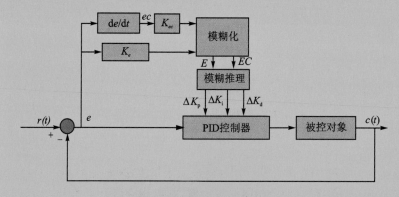

图 2-31　模糊 PID 控制器的结构图

2. 模糊 PID 参数的整定原则

引入模糊 PID 的目的就是通过在每个采样时刻检测系统的偏差信号 e 和偏差信号变化率 ec 的大小,而后根据模糊规则得出 PID 参数的修正量,如此 PID 控制器就能根据系统响应的变化主动调节自身参数的大小,实现 PID 参数的自整定,从而增强系统的动态响应能力和对外界干扰的鲁棒性。PID 控制器参数 K_p、K_i 和 K_d 的自整定原则如下:

① 当偏差 $|e|$ 较大时,应增大 K_p 以保证较快的响应速度;降低 K_d,避免偏差 $|e|$ 瞬时过大时,微分作用过强;此时 K_i 通常取零,以防止这时出现较大超调。

② 当偏差 $|e|$ 和偏差变化量 $|ec|$ 中等大小时,应降低 K_p 使系统超调较小,K_i 和 K_d 的取值应合适,以保证系统的响应速度。

③ 当偏差 $|e|$ 较小时,应调大 K_p 和 K_i 的取值,以保证系统的稳态性能;此时如果偏差变化量 $|ec|$ 也较小,说明系统响应接近稳态,这时增大 K_d 值以保证响应速度;反之,当 $|ec|$ 较大时,说明系统响应还在调节过程中,K_d 应小一些。

④ 当偏差变化量 $|ec|$ 较大时,应降低 K_p,增大 K_i。

当系统响应曲线如图 2-32 所示时,结合上述整定原则,可以得到在不同响应时段参数调试的规则:

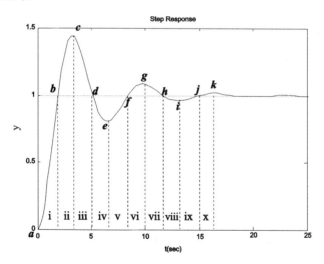

图 2-32　系统响应曲线仿真图

① 当 $e>0$,$ec<0$(相当于 i、v、ix 区域)时:系统呈现向稳态变化的趋势,此时 K_p 大,K_i 和 K_d 取较小;当接近交叉点 b 时(e 由大于 0 变为小于 0,$ec<0$),K_p 减小,K_i 为 0,K_d 适当增加以抑制超调。

② 当 $e<0$,$ec<0$(相当于 ii、vi、x 区域)时:系统输出值已超过稳态值,这一段是由过程存在惯性或滞后造成的。此时 K_d 较大,压制超调,K_p 和 K_i 较小。

③ 当 $e<0$,$ec>0$(相当于 iii、vii 区域)时:系统输出反向趋于稳态值,在峰值 c

点$(e<0,ec=0)$时，K_p大，K_i取值合适，以便尽快消除偏差，K_d取较小；当接近交叉点 $d(e$ 由小于 0 变为大于 $0,ec>0)$时，K_p减小，K_i为 0，K_d适当增加以抑制超调。

④ 当$e>0,ec>0$（相当于 iv、viii）时：系统输出值反向超过稳态值，这一段也是由过程存在惯性或滞后造成的，此时 K_d 较大，压制超调。K_p 和 K_i 较小。当接近谷点 $e(e>0,ec=0)$时，减小 K_d，增大 K_p 和 K_i。

根据上述 PID 参数在响应不同阶段的调整原则，并结合工程人员的技术知识和经验，分别给出 K_p、K_i 和 K_d 的模糊规则表如表 2-3～表 2-5 所列。

表 2-3　K_p 的模糊规则

K_p ＼ EC ＼ E	NB	NM	NS	ZO	PS	PM	PB
NB	PB	PB	PM	PM	PS	ZO	ZO
NM	PB	PB	PM	PS	PS	ZO	NS
NS	PM	PM	PM	PS	ZO	NS	NS
ZO	PM	PM	PS	ZO	NS	NM	NM
PS	PS	PS	ZO	NS	NS	NM	NM
PM	PS	ZO	NS	NM	NM	NM	NB
PB	ZO	ZO	NM	NM	NM	NB	NB

表 2-4　K_i 的模糊规则

K_i ＼ EC ＼ E	NB	NM	NS	ZO	PS	PM	PB
NB	NB	NB	NM	NM	NS	ZO	ZO
NM	NB	NB	NM	NS	NS	ZO	ZO
NS	NB	NM	NS	NS	ZO	PS	PS
ZO	NM	NM	NS	ZO	PS	PM	PM
PS	NM	NS	ZO	PS	PS	PM	PB
PM	ZO	ZO	PS	PS	PM	PB	PB
PB	ZO	ZO	PS	PM	PM	PB	PB

表 2 - 5　K_d 的模糊规则

K_d ＼ EC / E	NB	NM	NS	ZO	PS	PM	PB
NB	PS	NS	NB	NB	NB	NM	PS
NM	PS	NS	NB	NM	NM	NS	ZO
NS	ZO	NS	NM	NM	NS	NS	ZO
ZO	ZO	NS	NS	NS	NS	NM	ZO
PS	ZO	ZO	ZO	ZO	ZO	ZO	ZO
PM	PB	NS	PS	PS	PS	PS	PB
PB	PB	PM	PM	PM	PS	PS	PB

2.5.4　模糊 PID 控制器的实现

1. 确定系统的输入输出变量及其量化因子和比例因子

仍然取式(2-48)为系统的模型,并根据图 2-31,系统的输入变量为气隙的偏差 e 和偏差变化率 ec,输出量为 PID 参数的修正量 ΔK_p、ΔK_i 和 ΔK_d。其语言变量、基本论域、模糊子集、量化因子等信息如表 2-6 所列。

表 2 - 6　模糊 PID 参数表

变　量	e	ec	ΔK_p	ΔK_i	ΔK_d
语言变量	E	EC	ΔK_p	ΔK_i	ΔK_d
基本论域	$[-2,2]$	$[-1,1]$	$[-1,1]$	$[-3,3]$	$[-0.02,0.02]$
模糊子集	[NB　NM　NS　ZO　PS　PM　PB]				
模糊论域	$[-3,3]$	$[-3,3]$	$[-1,1]$	$[-3,3]$	$[-0.02,0.02]$
量化因子	1.5	3	1	1	1

系统模糊控制量的设计如图 2-33 所示。

2. 在模糊论域中定义模糊子集

首先确定模糊子集个数,而后确定每个模糊子集的语言变量,之后为各语言变量选择隶属函数。这里选择各变量的隶属函数为均匀三角形,则变量隶属函数图形如图 2-34 所示。

3. 确定模糊控制规则

确定模糊控制规则实际上就是保证系统响应的动态性能和稳态性能能达到最佳。这里 K_p、K_i 和 K_d 的模糊规则如表 2-3～表 2-5 所列。根据表中的规则,在如图 2-35 所示的模糊控制器中添加。

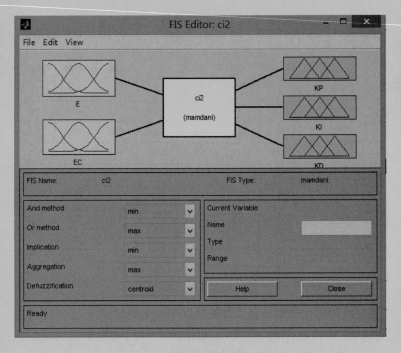

图 2 - 33　系统模糊控制器的设计

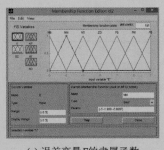

(a) 误差变量 E 的隶属函数　　　　　　(b) 误差变量 EC 的隶属函数

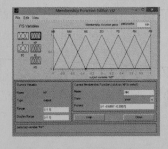
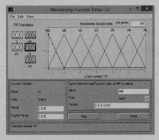

(c) 比例 K_p 的隶属函数　　　(d) 积分 K_i 的隶属函数　　　(e) 微分 K_d 的隶属函数

图 2 - 34　输入变量及输出变量隶属函数示意图

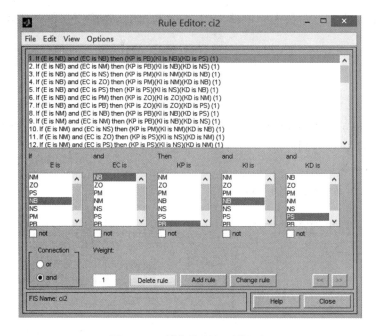

图 2 - 35　模糊控制规则的添加

4. 模糊推理及解模糊

理论上,根据模糊规则采用 Mamdani 法则可以得到输出的模糊量,再选取一种解模糊方法,如 Centroid 算法,如图 2 - 32 所示。最终可以得到输出控制量。

模糊规则观测器如图 2 - 36 所示。

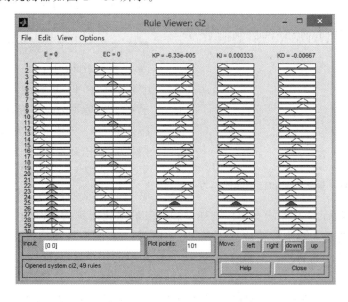

图 2 - 36　模糊规则观测器

此时得到的 PID 参数为修正量 ΔK_p、ΔK_i 和 ΔK_d,还需要如下公式才能应用在系统中:

$$
\left.\begin{array}{l}
K_p = \Delta K_p \cdot q_p + K_{p0} \\
K_i = \Delta K_i \cdot q_i + K_{i0} \\
K_d = \Delta K_d \cdot q_d + K_{d0}
\end{array}\right\} \qquad (2-68)
$$

式中:q_p、q_i 和 q_d 为比例积分微分的比例因子;K_{p0}、K_{i0} 和 K_{d0} 为 PID 参数的初始值,可以通过常规 PID 得到。

5. 仿真结果

搭建图 2 - 37,并进行仿真调试。

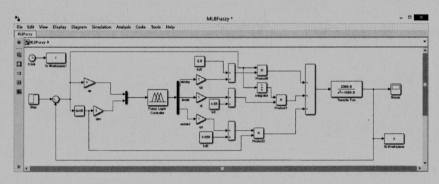

图 2 - 37　SIMULINK 仿真结构图

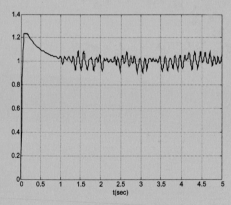

图 2 - 38　量化因子和比例因子均为 1

图 2 - 38 为所有量化因子和比例因子为 1 时的响应,可以看到其响应的动态性能类似于常规 PID,只是在稳态部分产生了等幅振荡。调整量化因子和比例因子,当 $q_e = 0.5$,$q_{ec} = 0.1$,$q_p = 10$ 时得到图 2 - 39,可以看出系统振幅减小,系统动态性能和稳态性能进一步优化。实际上,由于模糊控制不依赖于模型,依据是人们对于实时的误差信号和误差信号的变化制定的一系列规则,因此模糊控制的动态性能较好,而稳态性能受到控制规则和变量的量化级别的限制,其性能受限。而常规 PID 控制是需要依赖精确模型的,而实际系统是很难得到精确模型的,因此常规 PID 在动态性能的改善上是有限的,然而它其中的积分环节却对系统的稳态误差具有较大的改善作用,因此常规 PID 控制的稳态性能较好。当两种方法结合时,自然在动态性能和稳态性能上都可以得到改善。此外,这两种控制方式的结合还有很多方向可以对其进行进一步地改善,如实现参数在线自整定等,读者可自行尝试。

当然,通过上述过程,相信读者可以体会模糊控制的难度相较于 PID、LQR 控制来说有了进一步的提升。模糊控制里的调整因素有控制规则、模糊推理算法、解模糊算法、论域、量化因子、比例因子等,要比常规 PID 复杂很多。而在实际对于算法的选择和使用时,我们应该从系统的复杂性、可靠性、成本等角度选择一种合适的算法,而不要去盲目追求过于精妙的算法。过于复杂的理论算法应用到实际,势必要经受住可靠性的考验。第 3 章为直立车系统的分析,从中读者可以体会对于一个实际系统,理论设计和实际设计的不同之处。

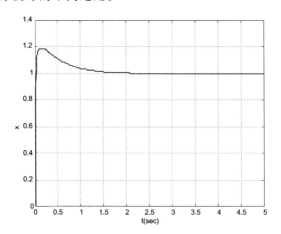

图 2-39　当 $q_e=0.5, q_{ec}=0.1, q_p=10$ 时

2.6　课后思考

① 在根轨迹的控制器设计中,请自行设计通过直接增加开环零极点的方式校正系统,并说明开环零极点对系统性能的影响。

② 仅仅在超前校正下可以改善系统的静态性能吗? 为什么?

③ 完成 PID 控制器的设计,使之符合 2.2.3 小节中所提的性能指标要求。

④ 在模糊控制中,分析量化因子、比例因子对控制效果的影响。

⑤ 在模糊控制中,比例因子量化因子都为 1 时,系统的动态性能近似于常规 PID,那么稳态部分的振荡是如何产生的呢?

⑥ 对本章用到的控制算法,增加干扰项,比较算法的抗干扰性能。

⑦ 使用三阶模型完成本章用到的控制器的设计。

参考文献

[1] 赵凯华,陈熙谋. 电磁学[M].3 版.北京：高等教育出版社,2011.

[2] Fawwaz T. Ulaby Eric Michielssen Umberto Ravaioli. 应用电磁学基础[M]. 6 版.北京：清华大学出版社,2016.

[3] 胡友秋,程福臻,叶邦角,等. 电磁学与电动力学[M]. 北京：科学出版社,2015.

[4] 唐文彦. 传感器[M].5 版. 北京：机械工业出版社,2014.

[5] 胡向东. 传感器与检测技术[M].2 版.北京：机械工业出版社,2013.

[6] 佚名.磁悬浮实验装置[R]. 固高科技(深圳)有限公司,2006.

[7] 胡寿松. 自动控制原理[M].6 版.北京：科学出版社,2013.

[8] Katsuhiko Ogata.现代控制工程[M].4 版.北京：电子工业出版社,2013.

[9] 李士勇. 模糊控制、神经控制和智能控制论[M]. 哈尔滨：哈尔滨工业大学出版社,1998.

[10] 曾光奇,胡均安,王东. 模糊控制理论与工程应用[M]. 武汉：华中科技大学出版社,2006.

[11] 石辛民,郝整清. 模糊控制及其 MATLAB 仿真[M]. 北京：北京交通大学出版社,2008.

[12] 张震. 磁悬浮系统若干控制算法研究[D]. 上海：上海交通大学,2004.

[13] 薛炜杰. 基于 MATLAB 的磁悬浮控制系统研究[D]. 沈阳：东北大学,2008.

[14] 徐林. 基于模糊 PID 的磁悬浮控制系统研究[D]. 哈尔滨：哈尔滨理工大学,2009.

[15] 徐锦华. 模糊控制方法在磁悬浮系统中的应用[D]. 长沙：中南大学,2009.

第3章 两轮直立车系统的自平衡控制

目前在机器人的研究领域里,平衡机器人已经成为极具科研意义和现实应用前景的一个重要分支。平衡机器人中的两轮平衡机器人由于具有不稳定的动力学特性和强非线性,非常适合作为理想的实验平台来验证和实现控制领域里的各种控制方法。它深刻揭示了自然界的一种基本规律,即一个自然不稳定的被控对象,运用控制手段可使之具有良好的稳定性。这种重心在上、支点在下的控制问题,与很多实际系统具有很大的相似性,如海上钻井平台的稳定控制、卫星发射架的稳定控制、火箭姿态控制等。因此对两轮直立车的稳定研究,具有重要的理论和实际意义。

3.1 直立车的基本组成

图3-1是一两轮直立车实物照片图,其硬件框图如图3-2所示。可以看出系统的大致工作原理如下:系统通过陀螺仪和加速度传感器获取直立车的倾角信息,根据倾角信息,单片机通过角度控制算法控制两轮车直立。两轮车的车轮连接电机,单片机通过驱动芯片驱动电机的启停,并通过单片机系统的PWM模块控制电机的转速。测速模块一般为光电码盘或编码器,可以用单片机的定时模块定时将车轮转速测出。循迹模块根据具体的传感器获取路径信息,并根据路况去影响直立车的速度和方向。

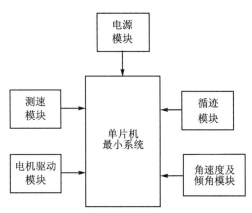

图3-1 两轮平衡直立车实物照片图　　　图3-2 两轮平衡直立车的硬件框图

3.2 直立车系统的建模

通过对工作原理的描述,可以发现在这样的直立车系统中,存在三个方面的控制内容,如图 3 - 3 所示,分别如下:

① 方向控制:通过控制两个电机之间的转动差速来实现。

② 速度控制:通过调节车模的倾角来实现,实际还是通过控制电机的转速来实现车轮速度的控制。

③ 平衡控制:通过控制两个电机正反向运动保持车模直立平衡。

这三种控制互相关联,彼此存在耦合关系,研究时必须将其任务分解。事实上,三种控制最终的受用对象都是电机,因此可以假设在研究某一种控制时,另外两种已经处于稳定状态,而后将设计好的控制作用叠加在受控对象上。而在这三个方面的控制中,平衡控制即保持车模直立是实现直立车系统的第一步,所以本章主要解决的是直立车自平衡控制的建模和仿真。

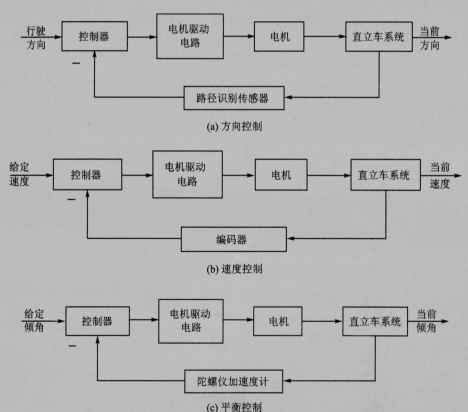

(a) 方向控制

(b) 速度控制

(c) 平衡控制

图 3 - 3 直立系统里的方向控制、速度控制、平衡控制方框图

3.2.1　受力分析

　　将直立车简化为如图 3 - 4 所示的示意图,其中符号含义如表 3 - 1 所列。对车体和车轮做受力分析,建立瞬时力平衡方程,建立起角度 θ、角速度 $\dot{\theta}$、位移 x 和速度 $\dot{x}$ 的变化过程,并使用一定的控制方法,利用 SIMULINK 完成直立车的平衡控制仿真。

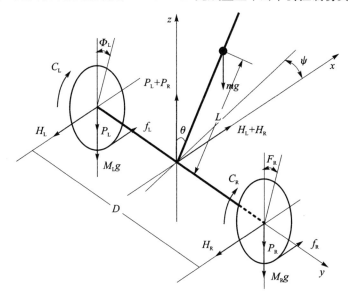

图 3 - 4　两轮直立车瞬时力平衡分析示意图

表 3 - 1　直立车示意简图中的符号含义

	符　号	代表含义	实际值	单　位
车模参数	D	两轮之间的距离	0.135	m
	L	轮子轴心到质心的距离	0.055	m
	m	两轮车除了轮子以外的质量	0.980	kg
	R	左右轮半径	0.0125	m
	M_L、M_R	左右轮子的质量	0.0175	kg
力学参数	C_L、C_R	左右车轮的转矩		N·m
	f_L、f_R	左右车轮与地面的摩擦力		N
	H_L、H_R	底盘与轮子在水平方向的作用力		N
	J_ϕ	轮子的转动惯量*	0.0137×10^{-4}	
	J_p	摆的转动惯量*	9.8817×10^{-4}	
	J_ψ	车体的转动惯量*	14.8838×10^{-4}	kg·m²
	P_L、P_R	底盘与轮子在垂直方向的作用力		N
	g	重力加速度	9.8	m/s²

	符　号	代表含义	实际值	单　位
瞬时参数	x_L、x_R、x_M	左右轮子的位移和平均位移		m
	x_P、x_Z	质心的水平位移和垂直位移		m
	$\dot{x}$	直线速度		m/s
	$\ddot{x}$	直线加速度		m/s²
	ϕ_L、ϕ_R	左右轮子的转动角度		rad
	$\ddot{\phi}_L$、$\ddot{\phi}_R$	左右轮子旋转角的角加速度		rad/s²
	θ	摆杆与 z 平面的倾斜角		rad
	$\dot{\theta}$	摆杆与 z 平面的倾斜角速度		rad/s
	$\ddot{\theta}$	摆杆与 z 平面的倾斜角加速度		rad/s²
	ψ	两轮车的行驶方位角		rad
	$\ddot{\psi}$	两轮车的行驶方位角的角加速度		rad/s²

注：* 表示轮子转动惯量的计算依据均匀圆盘的转动惯量公式 $J_\phi = \frac{1}{2}MR^2$；摆转动惯量的计算按照均匀杆的转动惯量公式 $J_p = \frac{1}{3}mL^2$；车体的转动惯量的计算依据均匀矩形平面板的转动惯量公式 $J_\psi = \frac{1}{12}mD^2$。

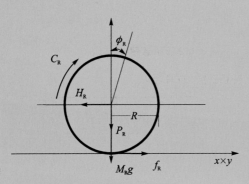

图 3 - 5　直立车右轮受力分析

图 3 - 5 所示为直立车右轮的侧视图，对其右轮进行力学分析，可以得到：

$$M_R \ddot{x}_R = f_R - H_R \qquad (3-1)$$

$$J_R \ddot{\phi}_R = C_R - f_R R \qquad (3-2)$$

同理，对左轮进行受力分析，并建立其平衡方程：

$$M_L \ddot{x}_L = f_L - H_L \qquad (3-3)$$

$$J_L \ddot{\phi}_L = C_L - f_L R \qquad (3-4)$$

同时，令 $M_L = M_R = M$，$J_L = J_R = J_\phi$。

两轮平衡车摆杆的受力分析如图 3 - 6 所示，由图可以得到水平和垂直方向的平衡方程以及转矩方程：

水平方向的平衡方程：

$$m\ddot{x}_P = H_L + H_R \qquad (3-5)$$

其中 $x_P = x_M + L\sin\theta$，两端求导则有

$$\ddot{x}_P = \ddot{x}_M - L\sin\theta \cdot \dot{\theta}^2 + L\cos\theta \cdot \ddot{\theta} \qquad (3-6)$$

且有

$$x_M = \frac{x_L + x_R}{2} \qquad (3-7)$$

垂直方向的平衡方程：

$$m\ddot{x}_Z = P_L + P_R - mg \tag{3-8}$$

其中 $x_Z = L\cos\theta - L$，则有

$$\ddot{x}_Z = -L\cos\theta \cdot \dot{\theta}^2 + L\sin\theta \cdot \ddot{\theta} \tag{3-9}$$

转矩方程为

$$J_p\ddot{\theta} = (P_L + P_R)L\sin\theta - (H_L + H_R)L\cos\theta \tag{3-10}$$

两轮平衡车的转向平衡受力分析如图 3-7 所示。

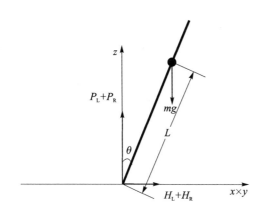

图 3-6　车体摆杆瞬时力学分析　　　　　图 3-7　两轮车转向平衡分析

由图 3-7 对转向运动分析可得

$$J_\psi\ddot{\psi} = \frac{(H_L - H_R)D}{2} \tag{3-11}$$

$$\psi = \frac{X_L - X_R}{D} \tag{3-12}$$

至此，两轮平衡车的所有平衡方程建立完毕。

3.2.2　关系式的建立

1. 水平方向关系式

将式(3-6)代入式(3-5)，可以得到

$$m(\ddot{x}_M L\sin\theta \cdot \dot{\theta}^2 + L\cos\theta \cdot \ddot{\theta}) = H_L + H_R \tag{3-13}$$

用式(3-1)加式(3-3)，可得

$$H_L + H_R = f_L + f_R - M_R\ddot{x}_R - M_L\ddot{x}_L \tag{3-14}$$

用式(3-2)加式(3-4)，代入上式，且有 $M_R = M_L = M$，可得

$$H_L + H_R = \frac{C_L + C_R - J_R\ddot{\phi}_R - J_L\ddot{\phi}_L}{R} - M(\ddot{x}_R + \ddot{x}_L) \tag{3-15}$$

由于车轮转动加速度和线速度之间存在关系式 $\phi_R = \dfrac{x_R}{R}$，$\phi_L = \dfrac{x_L}{L}$，且 $J_R = J_L = J_\phi$，并代入式(3-15)，得到

$$H_L + H_R = \frac{C_L + C_R}{R} - 2\frac{J_\phi}{R^2}\ddot{x}_M - 2M\ddot{x}_M \tag{3-16}$$

将上式代入式(3-13)，得到水平方向的关系式：

$$\left(m + 2\frac{J_\phi}{R^2} + 2M\right)\ddot{x}_M + (mL\cos\theta \cdot \ddot{\theta} - mL\sin\theta \cdot \dot{\theta}^2) = \frac{C_L + C_R}{R} \tag{3-17}$$

2. 垂直方向关系式

将式(3-9)代入式(3-8)，可以得到

$$m(-L\cos\theta \cdot \dot{\theta}^2 - L\sin\theta \cdot \ddot{\theta}) = P_L + P_R - mg \tag{3-18}$$

将式(3-10)代入式(3-18)，得到

$$m(-L\cos\theta \cdot \dot{\theta}^2 - L\sin\theta \cdot \ddot{\theta}) = \frac{J_p\ddot{\theta} + (H_L + H_R)L\cos\theta + (C_L + C_R)}{L\sin\theta} - mg \tag{3-19}$$

将式(3-16)代入式(3-19)，得到

$$m(-L\cos\theta \cdot \dot{\theta}^2 - L\sin\theta \cdot \ddot{\theta}) =$$
$$J_p\ddot{\theta} + \left(\frac{C_L + C_R}{R} - \frac{J_\phi}{R^2}2\ddot{x}_M - 2\ddot{x}_M M\right)L\cos\theta + (C_L + C_R) - mgL\sin\theta \tag{3-20}$$

整理得到垂直方向的关系式：

$$J_p\ddot{\theta} = mgL\sin\theta - mL^2\sin\theta \cdot \cos\theta \cdot \dot{\theta}^2 - mL^2\sin^2\theta \cdot \ddot{\theta} +$$
$$2\ddot{x}_M\left(\frac{J_\phi}{R^2} + M\right)L\cos\theta - \left(1 + \frac{L\cos\theta}{R}\right)(C_L + C_R) \tag{3-21}$$

3. 转动方向关系式

用式(3-1)减式(3-3)，并代入式(3-11)得到

$$J_\psi\ddot{\psi} = \frac{D}{2}(M_R\ddot{x}_R - f_R - M_L\ddot{x}_L + f_L) \tag{3-22}$$

用式(3-2)减式(3-4)，且有 $M_R = M_L = M$，代入上式得到

$$J_\psi\ddot{\psi} = \frac{D}{2}\left[M(\ddot{x}_R - \ddot{x}_L) + \frac{J_R\ddot{\phi}_R - J_L\ddot{\phi}_L - C_R + C_L}{R}\right] \tag{3-23}$$

将式(3-12)代入式(3-23)，并有 $\phi_R = \dfrac{x_R}{R}$，$\phi_L = \dfrac{x_L}{L}$，且 $J_R = J_L = J_\phi$，得到

$$J_\psi\ddot{\psi} = \frac{D}{2}\left[-MD\ddot{\psi} - \frac{J_\phi}{R^2}\ddot{\psi}D + \frac{1}{R}(-C_R + C_L)\right] \tag{3-24}$$

整理得到转动方向的关系式：

$$\left(\frac{2J_\phi}{D} + MD + \frac{J_\phi D}{R^2}\right)\ddot\psi = \frac{1}{R}(-C_R + C_L) \tag{3-25}$$

3.2.3　线性化

当通过倾角调节直立车平衡时，车体倾角为小范围改变，因此可以在工作点附近的有限区域内进行线性化。当 θ 在 $\pm5°$ 变化时，$\sin\theta\approx\theta,\cos\theta\approx1,\dot\theta^2\approx0$。

线性化后式(3-17)和式(3-21)变为

$$\left(m + 2\frac{J_\phi}{R^2} + 2M\right)\ddot x_M + mL\ddot\theta = \frac{C_L + C_R}{R} \tag{3-26}$$

$$J_p\ddot\theta = mgL \cdot \theta + 2\ddot x_M\left(\frac{J_\phi}{R^2} + M\right)L - \left(1 + \frac{L}{R}\right)(C_L + C_R) \tag{3-27}$$

将式(3-25)~式(3-27)写成矩阵形式有

$$
\begin{bmatrix}
m + 2\frac{J_\phi}{R^2} + 2M & mL & 0 \\
-2\left(\frac{J_\phi}{R^2} + M\right)L & L_p & 0 \\
0 & 0 & \frac{2J_\phi}{D} + MD + \frac{J_\phi D}{R^2}
\end{bmatrix}
\begin{bmatrix}
\ddot x_M \\
\ddot\theta \\
\ddot\psi
\end{bmatrix}
=
$$

$$
\begin{bmatrix}
0 & \frac{1}{R} & \frac{1}{R} \\
mgL & -\left(1 + \frac{L}{R}\right) & -\left(1 + \frac{L}{R}\right) \\
0 & \frac{1}{R} & -\frac{1}{R}
\end{bmatrix}
\begin{bmatrix}
\theta \\
C_L \\
C_R
\end{bmatrix}
\tag{3-28}
$$

取直立车的位移 x、倾角 θ、速度 $\dot x$、倾角速度 $\dot\theta$、方向转角 ψ，转角速度 $\dot\psi$ 作为状态空间变量 $[x,\dot x,\theta,\dot\theta,\psi,\dot\psi]^T$，可以得到状态空间模型为

$$
\begin{bmatrix}
\dot x_M \\ \ddot x_M \\ \dot\theta \\ \ddot\theta \\ \dot\psi \\ \ddot\psi
\end{bmatrix}
=
\begin{bmatrix}
0 & 1 & 0 & 0 & 0 & 0 \\
0 & 0 & a_{23} & 0 & 0 & 0 \\
0 & 0 & 0 & 1 & 0 & 0 \\
0 & 0 & a_{43} & 0 & 0 & 0 \\
0 & 0 & 0 & 0 & 0 & 1 \\
0 & 0 & 0 & 0 & 0 & 0
\end{bmatrix}
\begin{bmatrix}
x_M \\ \dot x_M \\ \theta \\ \dot\theta \\ \psi \\ \dot\psi
\end{bmatrix}
+
\begin{bmatrix}
0 & 0 \\
b_{21} & b_{22} \\
0 & 0 \\
b_{41} & b_{42} \\
0 & 0 \\
b_{61} & b_{62}
\end{bmatrix}
\begin{bmatrix}
C_L \\ C_R
\end{bmatrix}
\tag{3-29}
$$

将式(3-25)~式(3-27)经过消元变换，并令 $F = 2mL^2J_\phi + 2mML^2R^2 + J_p mR^2 + 2J_p J_\phi + 2J_p MR^2$ 可以得到如下参数公式：

$$a_{23} = -\frac{1}{F}R^2m^2gL^2, \qquad b_{21} = b_{22} = \frac{1}{F}[R_pJ + m(L+R)],$$

$$a_{43} = \frac{1}{F}(mR^2 + 2J_\phi + 2MR^2)mgL,$$

$$b_{41} = b_{42} = -\frac{1}{F}[mR^2 + 2J_\phi + 2MR^2 + mRL],$$

$$b_{61} = \frac{RD}{2J_\psi R^2 + MD^2 R^2 + J_\phi D^2}, \qquad b_{62} = -b_6.$$

将实际参数数值代入到各表达式中,可得两轮自平衡机器人线性化状态方程为

$$
\begin{bmatrix} \dot{x}_M \\ \ddot{x}_M \\ \dot{\theta} \\ \ddot{\theta} \\ \dot{\psi} \\ \ddot{\psi} \end{bmatrix}
=
\begin{bmatrix}
0 & 1 & 0 & 0 & 0 & 0 \\
0 & 0 & -24.207\,2 & 0 & 0 & 0 \\
0 & 0 & 0 & 1 & 0 & 0 \\
0 & 0 & 463.740\,1 & 0 & 0 & 0 \\
0 & 0 & 0 & 0 & 0 & 1 \\
0 & 0 & 0 & 0 & 0 & 0
\end{bmatrix}
\begin{bmatrix} x \\ \dot{x} \\ \theta \\ \dot{\theta} \\ \psi \\ \dot{\psi} \end{bmatrix}
+
\begin{bmatrix}
0 & 0 \\
314.700\,8 & 314.700\,8 \\
0 & 0 \\
-4\,544.424\,9 & -4\,544.424\,9 \\
0 & 0 \\
2\,859.281\,8 & -2\,859.281\,8
\end{bmatrix}
\begin{bmatrix} C_L \\ C_R \end{bmatrix}
$$

$$(3-30)$$

由线性化模型状态方程可知此系统为双输入系统,为了更好地分析系统,把上面的系统解耦成为两个单独的单输入和单输出的系统,所以有

$$
\begin{bmatrix} C_L \\ C_R \end{bmatrix}
=
\begin{bmatrix} 0.5 & 0.5 \\ 0.5 & -0.5 \end{bmatrix}
\begin{bmatrix} C_\theta \\ C_\psi \end{bmatrix}
\qquad (3-31)
$$

其中 C_θ、C_ψ 为二自由度子系统的系统 1 和系统 2 的输入转矩。

把上面两个表达式联立起来可得

$$
\begin{bmatrix} \dot{x} \\ \ddot{x} \\ \dot{\theta} \\ \ddot{\theta} \\ \dot{\psi} \\ \ddot{\psi} \end{bmatrix}
=
\begin{bmatrix}
0 & 1 & 0 & 0 & 0 & 0 \\
0 & 0 & -24.207\,2 & 0 & 0 & 0 \\
0 & 0 & 0 & 1 & 0 & 0 \\
0 & 0 & 463.740\,1 & 0 & 0 & 0 \\
0 & 0 & 0 & 0 & 0 & 1 \\
0 & 0 & 0 & 0 & 0 & 0
\end{bmatrix}
\begin{bmatrix} x \\ \dot{x} \\ \theta \\ \dot{\theta} \\ \psi \\ \dot{\psi} \end{bmatrix}
+
\begin{bmatrix}
0 & 0 \\
629.401\,6 & 0 \\
0 & 0 \\
-9\,088.849\,8 & 0 \\
0 & 0 \\
0 & 5\,718.563\,6
\end{bmatrix}
\begin{bmatrix} C_\theta \\ C_\psi \end{bmatrix}
$$

$$(3-32)$$

分解上式可以得到两个子系统,并且两者之间是相互独立的。其中:

子系统 1 为

$$
\begin{bmatrix} \dot{x} \\ \ddot{x} \\ \dot{\theta} \\ \ddot{\theta} \end{bmatrix}
=
\begin{bmatrix}
0 & 1 & 0 & 0 \\
0 & 0 & -24.207\,2 & 0 \\
0 & 0 & 0 & 1 \\
0 & 0 & 463.740\,1 & 0
\end{bmatrix}
\begin{bmatrix} x \\ \dot{x} \\ \theta \\ \dot{\theta} \end{bmatrix}
+
\begin{bmatrix} 0 \\ 629.401\,6 \\ 0 \\ -9\,088.849\,8 \end{bmatrix}
C_\theta
\qquad (3-33)
$$

子系统 2 为

$$\begin{bmatrix} \dot{\psi} \\ \ddot{\psi} \end{bmatrix} = \begin{bmatrix} 0 & 1 \\ 0 & 0 \end{bmatrix} \begin{bmatrix} \psi \\ \dot{\psi} \end{bmatrix} + \begin{bmatrix} 0 \\ 5\,718.563\,6 \end{bmatrix} C_{\psi} \tag{3-34}$$

从上面的式(3-33)和式(3-34)可知,原来的系统是有两个输入,经过处理后可以得到两个子系统。式(3-33)为子系统 1,C_{θ} 是系统 1 的输入转矩,用 C_{θ} 控制机器人的位移 x 和倾角 θ。同理,式(3-34)为子系统 2,这个系统用 C_{ψ} 控制机器人的转角 ψ。假定 $C_L = C_R = C_{LR}$,用 C_{LR} 代替 C_L、C_R,则两轮自平衡机器人的二自由度的线性数学模型为

$$\begin{bmatrix} \dot{x} \\ \ddot{x} \\ \dot{\theta} \\ \ddot{\theta} \end{bmatrix} = \begin{bmatrix} 0 & 1 & 0 & 0 \\ 0 & 0 & -24.207\,2 & 0 \\ 0 & 0 & 0 & 1 \\ 0 & 0 & 463.740\,1 & 0 \end{bmatrix} \begin{bmatrix} x \\ \dot{x} \\ \theta \\ \dot{\theta} \end{bmatrix} + \begin{bmatrix} 0 \\ 629.401\,6 \\ 0 \\ -9\,088.849\,8 \end{bmatrix} C_{LR} \tag{3-35}$$

以位移和倾角为输出,那么输出方程为

$$y = \begin{bmatrix} 1 & 0 & 0 & 0 \\ 0 & 0 & 1 & 0 \end{bmatrix} \begin{bmatrix} x \\ \dot{x} \\ \theta \\ \dot{\theta} \end{bmatrix} \tag{3-36}$$

至此,两轮平衡车的直立方程式(3-35)、式(3-36)即建立出来,接下来本文就是对这样的状态空间模型进行仿真分析和控制分析。

3.3　直立车系统的仿真分析

在得到直立车系统的数学模型之后,为进一步了解系统特性,需要对系统进行分析。竖直向上位置是两轮直立车系统的不稳定平衡点,可以设计稳定控制器来使两轮直立车系统稳定在这个点。既然需要设计控制器稳定系统,那么就要考虑系统是否可控。根据前文 1.3 节的阐述,在对系统进行定性分析时,一般要用到线性控制理论中的稳定性、可控性和可观性判据。

1. 系统的稳定性分析

利用 MATLAB 程序计算,主程序如下:

```
clear;
A=[0 1 0 0;
0 0 -24.2072 0;
0 0 0 1;
0 0 463.7401 0];
```

```
B = [0 629.4016 0 - 9088.8498]';
C = [1 0 0 0;
0 0 1 0];
D = [0 0]';
[num,den] = ss2tf(A,B,C,D);
p = roots(den)
```

得到系统的特征根为 $p=\begin{bmatrix}0 & 0 & 21.5346 & -21.5346\end{bmatrix}$，可知系统有两个特征根在原点，有一个特征根在复频域的右半平面上，有一个特征根在复频域的左半平面上，因此判定两轮直立车系统是不稳定的。

2. 系统的可控性分析

在 MATLAB 中计算程序如下：

```
clear;
A = [0 1 0 0;
0 0 - 24.2072 0;
0 0 0 1;
0 0 463.7401 0];
B = [0 629.4016 0 - 9088.8498]';
C = [1 0 0 0;
0 0 1 0];
D = [0 0]';
p = [B A * B A^2 * B A^3 * B];
rank(p)
```

可以得到 ans＝4。系统的状态完全可控性矩阵的秩等于系统的状态变量维数，所以系统可控。

3. 系统的可观性分析

在 MATLAB 中的计算程序如下：

```
clear;
A = [0 1 0 0;
0 0 - 24.2072 0;
0 0 0 1;
0 0 463.7401 0];
B = [0 629.4016 0 - 9088.8498]';
C = [1 0 0 0;
    0 0 1 0];
D = [0 0]';
q = obsv(A,C)
rank(q)
```

可以得到 ans＝4，所以系统是可观的。

4. 系统的阶跃响应分析

根据系统的状态方程,对小车的位置和角度进行阶跃响应分析,在 MATLAB 中的计算程序如下:

```
clear;
A = [0 1 0 0;
0 0 - 24.2072 0;
0 0 0 1;
0 0 463.7401 0];
B = [0 629.4016 0 - 9088.8498]';
C = [1 0 0 0;
     0 0 1 0];
D = [0 0]';
step(A,B,C,D)
```

得到单位阶跃响应曲线如图 3 - 8 所示。

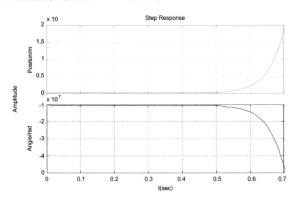

图 3 - 8　系统阶跃响应曲线

由图 3 - 8 分析,小车的位置和角度对时间的阶跃响应曲线都是发散的。若只是对角度进行控制,则可以设计 PID 控制器来实现对直立车系统的控制,达到稳定控制的效果。具体结构设计与参数整定过程将在下文进行详细介绍与讨论。

3.4　PID 仿真及参数整定

控制目标是要让自平衡机器人在竖直平衡的位置稳定下来,同时要尽量保持机体的直立状态,对于这样的一个系统,要同时去控制机器人的位置和角度带来了许多的困难。考虑到实际可行性,首先考虑倾角控制。因为对于实际系统来说,可以通过陀螺仪这一传感器来测量物体的旋转角速度,即倾斜角速度,将角速度信号进行积分便可以得到车模的倾角。如果为了修正积分对陀螺仪零漂而产生的累积误差,则可以利用加速度传感器获得角度信息进行校正,如图 3 - 9 所示。

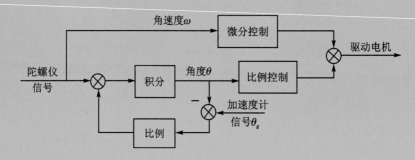

图3-9　通过加速度计来校正陀螺仪的角度漂移

图3-9中,利用加速度计所获得的角度信息 θ_g 与陀螺仪积分后的角度 θ 进行比较,将比较的误差信号经过比例放大后与陀螺仪输出的角速度信号叠加之后进行积分。对于加速度计给定的角度 θ_g,经过比例、积分环节后产生的角度 θ 必然最终等于 θ_g,之后对角度控制添加 PID 控制算法。因此从实际可实现的角度,本文采用角度闭环控制。

1. PID 控制仿真

图3-10所示是在 SIMULINK 中建立两轮直立车双闭环 PID 控制仿真图,其中 PID1 是对角度的控制,其子系统 PID 控制模块如图3-11所示。

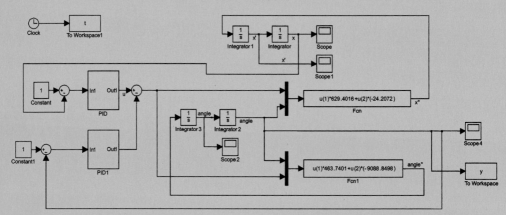

图3-10　双闭环 PID 控制的仿真图

2. 参数调试

根据齐格勒-尼克尔斯法则的第二种方法,先将控制器的积分系数 K_d 和微分系数 K_i 均设为0,比例系数 K_p 设为较小的值,使系统投入稳定运行。然后逐渐增大比例系数 K_p,直到系统出现等幅振荡,记录此时的临界振荡增益 K 和临界振荡周期 T。根据 K 和 T 的值,采用经验公式,计算出调节器的各个参数,即 K_p、K_i 和

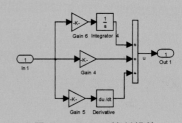

图3-11　PID 控制模块

K_d 的值。设系统输入为零,初始角度为 0.1 rad。具体过程如下:

① 设置 PID 控制器为 P 控制器,令 $K_p=0.06, K_i=0, K_d=0$,得到图 3-12,从图中可以看出,控制系统持续振荡,且在 1 s 内共有约 1.5 个周期。则 $K_p=K_{cr}$,计算得周期为 $T=1\ s/1.5 \approx 0.666\ 7\ s=P_{cr}$。

② 根据齐格勒-尼克尔斯法则第二种方法调整参数。

$$K_p = 0.6K_{cr} = 0.36, \qquad T_i = 0.5P_{cr} = 0.333\ 3, T_d = 0.125P_{cr} = 0.085\ 3$$

因此 $K_p=0.36, K_i=\dfrac{1}{T_i}=3, K_d=T_d=0.085\ 3$,得到图 3-13 所示的仿真结果,可以看出系统初始角度为 0.1 rad,经过约 3 s 的振荡可以进入 2% 误差带,但是振荡幅度过大,在实际调车时有可能会剧烈振荡以致失败,因此考虑减小超调量。

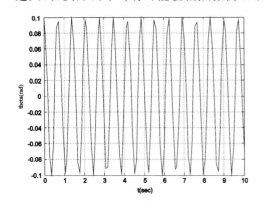

图 3-12　$K_p=0.06$ 时的系统仿真图　　　　　图 3-13　$K_p=0.36, K_i=3, K_d=0.085\ 3$

③ 首先可以通过减小微分系数 K_d 来减小微分的作用,从而减小系统的超调量。但仿真发现效果并不显著,如图 3-14 所示,当 K_d 减小为 0.01 时,尽管调节时间得到较大改善,超调量却依然较大。此时继续减小 K_d,反而造成微分作用过弱、积分作用过强,易使得系统不稳定。

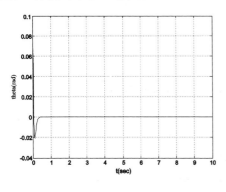
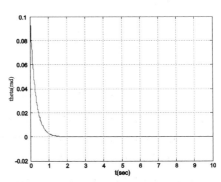

图 3-14　$K_p=0.36, K_i=3, K_d=0.01$　　　　图 3-15　$K_p=0.36, K_i=0, K_d=0.085\ 3$

④ 此时考虑系统本身稳态误差这一性能控制较好,而积分本身对系统稳定性有

一定的不利影响,因此可以通过减小积分作用,即牺牲一定的稳态性能去保证动态性能的优良。图 3 - 15 所示为积分作用为 0 时系统的响应曲线,可以看出,去掉积分作用尽管在稳态部分有波动,但是在可以被允许的范围内,而它对于系统倾角控制的动态性能具有大幅改善的作用。

同时从实际角度来考虑,自平衡机器人在检测姿态信号时,不可避免地存在噪声信号,这些噪声信号经过积分环节会随时间不断的积累,从而导致积分器失去消除静态误差的调节功能并且产生不可避免的控制误差。综上所述,在角度控制环节中应将积分参数设置为零,只使用 PD 控制,以便达到预期的目的。

3.5　PID 参数实物调试

由于直立车倾角信号的测量需要依赖于陀螺仪和加速度传感器,而陀螺仪测出的是角速度信号,因此实际直立车的控制框图如图 3 - 9 所示。

直立车系统的硬件与软件设计在此不做阐述,仅对直立控制相关的角度测量和控制部分的软件程序作出解释。图 3 - 16 所示为直立车倾角的测量子程序 Angle-Calculate,它根据采集到的陀螺仪和重力加速度传感器的数值计算车模倾角和倾角速度,该函数在主程序中每 5 ms 调用一次。图 3 - 17 所示为直立车倾角的控制子程序 AngleControl,它根据车模倾角和倾角速度计算车模电机的控制量,在主程序中5 ms 调用一次。

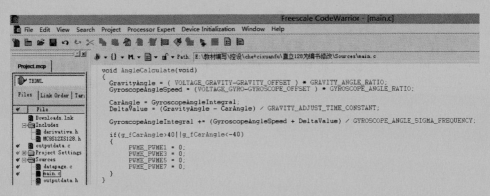

图 3 - 16　直立车角度测量 AngleCalculate 子函数

对两个子程序中的变量及测量做出如下说明:

① VOLTAGE_GYRO:陀螺仪测量出的车模倾角速度。程序中通过 AD 模块读出,读出时要采用一定的滤波算法,如多次采集取均值等。

② GYROSCOPE_OFFSET:陀螺仪的零偏值。零偏理解为陀螺仪的输出信号围绕其均值的起伏或波动,理论上习惯用标准差(σ)或均方根(RMS)表示。在角速度输入为零时,陀螺仪的输出是一条复合白噪声信号缓慢变化的曲线,曲线的峰-峰

图 3 - 17　直立车角度控制 AngleControl 子函数

值就是零偏值(drift),如图 3 - 18 所示。

因此读出的陀螺仪的数值需要减去零偏值。在调试中,将直立车静止时陀螺仪对应的 AD 通道采集的量即为零偏,同样需要采用一定的滤波算法。

③ GYROSCOPE_ANGLE_RATIO:陀螺仪归一化系数。由于通过 A/D 通道读取,程序中 A/D 通道为 12 位,即读取数据为 0~0xffff。因此归一化系数是将A/D采集的数据转换成角速度信号,单位为°/s

陀螺仪归一化系数非常重要,它决定了积分后是否能得到精确的倾角值。此系数的理论计算公式如下:

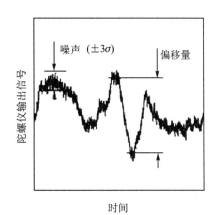

图 3 - 18　陀螺仪零偏信号

$$R_{\text{GYRO}} = \frac{R_{\text{AD}}}{R_{\text{G}} \cdot K} \qquad (3-37)$$

式中:R_{AD}表示由 A/D 通道转换为电压的转换因子,$R_{\text{AD}} = \dfrac{3.3\text{ V}}{4\,096}$;$R_{\text{G}}$ 为陀螺仪比例因子,$R_{\text{G}} = 0.67$ mV°/s,这个值通过陀螺仪数据手册可以查到;K 是陀螺仪信号放大倍数,根据陀螺仪模块的电路参数可以计算出 K 值,本系统中陀螺仪模块的 $K = 9.25$。这样便可计算出陀螺仪的归一化系数,但这仅是一个参考值,还需要通过实验调整。

实验的原则就是测出陀螺仪经积分得到的倾角是否等于加速计得到的倾角信号。可以测出陀螺仪的倾角变化量 $\Delta\theta_{\text{GYRO}}$ 和加速度计的倾角变化量 $\Delta\theta_{\text{GRAV}}$,如果二者一致,则归一化系数合适,否则 $R_{\text{GYRO}} \cdot \dfrac{\Delta\theta_{\text{GRAV}}}{\Delta\theta_{\text{GYRO}}}$ 即为新的归一化系数。另外,如果有上位机程序,则可以用上位机显示陀螺仪的倾角曲线,通过不断地调整归一化系数,看其是否能跟踪上加速度计得到的倾角曲线。

④ GyroscopeAngleSpeed:计算出的车模倾角速度,它等于陀螺仪的测量值减

去零偏值,再用这个偏差乘以陀螺仪的归一化系数。

⑤ VOLTAGE_GRAVITY:加速度计测量出的车模倾角。程序中通过 A/D 模块的某一通道读出,读出时要采用一定的滤波算法,如多次采集取均值等。

⑥ GRAVITY_OFFSET:加速度计零偏值。同样加速度计也有零偏值,也需要在计算时减去零偏值。图 3-19 所示为 MMA7260 三轴加速度传感器的 X、Y、Z 三个方向的示意图。在实际中只需要测量其中一个方向上的加速度值,就可以计算出车模倾角。当车模直立时,固定加速度器在 Z 轴水平方向,此时输出信号即为 Z 轴零偏电压信号。当车模发生倾斜时,重力加速度 g 便会在 Z 轴方向形成加速度分量,从而引起该轴输出电压变化。

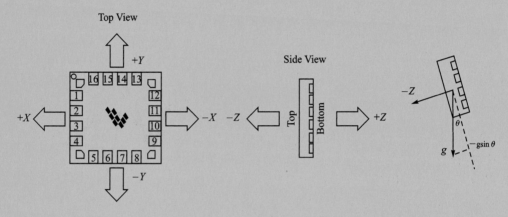

图 3-19　加速度计的三个方向

⑦ GRAVITY_ANGLE_RATIO:加速度计归一化系数。其测量方法为保持车模正面朝上可以测得 Z 方向最大值 Z_{max},车模反面朝上得到 Z 方向最小值 Z_{min},而后代入如下公式:

$$R_Z = \frac{180}{Z_{max} - Z_{min}} \tag{3-38}$$

这样便可将 A/D 通道读出的加速度计 Z 轴的有关倾角的数值转换为单位为°的倾角值。

⑧ GravityAngle:加速度计计算出的车模倾角值;它等于加速度计的测量值减去零偏值,再用这个偏差乘以加速度计的归一化系数。

⑨ CarAngle:将陀螺仪计算出的倾角速度 GyroscopeAngleSpeed 经积分后得到的倾角。

⑩ GRAVITY_ADJUST_TIME_CONSTANT:角度补偿时间常数。该参数的调整会同时影响到角度和速度的控制,其中对角度的影响较为显著。一般取 1~4 s 之间的某个数值(可以是小数),开始时可以取 3~4 s。如果陀螺仪零点漂移很小,则可以适当增加该补偿时间常数;如果陀螺仪零点漂移大,则可以逐步减小这个补偿时间常数。

⑪ DeltaValue：加速度计计算出的倾角值 GravityAngle 与陀螺仪经积分后计算出的倾角值 CarAngle 之间的差值,此差值再乘以时间常数 GRAVITY_ADJUST_TIME_CONSTANT。

⑫ GyroscopeAngleIntegral：将陀螺仪计算出的倾角速度 GyroscopeAngleSpeed 经积分后得到的中间量。

⑬ GYROSCOPE_ANGLE_SIGMA_FREQUENCY：陀螺仪倾角速度的积分频率。理论上,如果程序中 1 ms 积分 1 次,则该频率数值为 1 000。实际上,该参数的调试原则与 GYROSCOPE_ANGLE_RATIO 的调试原则一样,都是以陀螺仪经积分后得到的倾角信号是否能跟踪上加速度计测得的倾角信号。

⑭ CAR_ANGLE_SET：直立车倾角设定值,程序中为 0。

⑮ CAR_ANGLE_SPEED_SET：直立车倾角速度设定值,程序中为 0。

⑯ ANGLE_CONTROL_P：比例控制系数。

⑰ ANGLE_CONTROL_D：微分控制系数。

⑱ value：经 PD 运算后的量。

⑲ ANGLE_CONTROL_OUT_MAX：限幅处理的最大值。

⑳ ANGLE_CONTROL_OUT_MIN：限幅处理的最小值。

㉑ AngleControlOut：最终输入到电机模块的信号。

对上述程序用图 3 - 20 表明。

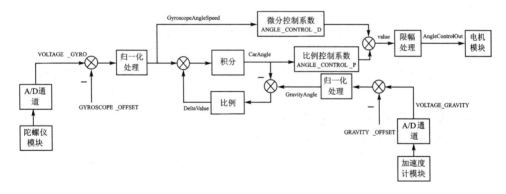

图 3 - 20　直立车系统角度测量及控制系统结构图

在系统的零漂、归一化系数等静态参数都调整好之后,即可通过调试 ANGLE_CONTROL_P 和 ANGLE_CONTROL_D 来实现直立车系统的直立平衡。

3.6　课后思考

① 调试实车,实现直立车系统的直立,并比较理论上的 PID 参数和实际 PID 参数有何不同? 造成这种不同的原因是什么?

② 在调试实车的过程中,比例系统和微分系数的大小对系统实际有什么影响?

③ GRAVITY_ADJUST_TIME_CONSTANT 的参数值的调试对系统会产生什么效果?这个效果与 PID 的哪个参数类似?可以怎样抑制不利影响?

④ 在本章中,理论 PID 的设计和实际 PID 的设计似乎并不完全一样,文中并未给出实际 PID 设计的原因,你可以试着分析出来这样设计的原因吗?分析这二者设计之间的联系与区别。

参考文献

[1] 佚名. 第七届全国大学生"飞思卡尔"杯智能汽车竞赛电磁组直立行车参考设计方案[R]. 2012.

[2] 薛凡,孙京诰,严怀成. 两轮平衡车的建模与控制研究[J]. 化工自动化及仪表,2012,39:1450-1454.

[3] 解宝彬. 两轮自平衡机器人控制算法的研究[D]. 哈尔滨:哈尔滨理工大学,2014.

[4] 张晓华,张志军. 自平衡式两轮电动车耦合控制研究[J]. 控制工程,2013,20(1):26-29.

[5] 段其昌,袁洪跃,金旭东. 两轮自平衡车无速度传感器平衡控制仿真研究[J]. 控制工程,2013,20(4).

[6] 杨凌霄,李晓阳. 基于卡尔曼滤波的两轮自平衡车姿态检测方法[J]. 计算机仿真,2014(6).

[7] 周国全. 任意四边形刚体平板绕质心轴的转动惯量公式[J]. 大学物理,2003(12):20-22.

[8] 刘金琨. 先进 PID 控制 MATLAB 仿真[M]. 北京:电子工业出版社,2011.

[9] 胡寿松. 自动控制原理[M]. 6 版. 北京:科学出版社,2013.

[10] Richard C. Dorf,等. 现代控制系统[M]. 10 版. 谢红卫,等译. 北京:高等教育出版社,2007.

[11] 张阳. MC9S12XS 单片机原理及嵌入式系统开发[M]. 北京:电子工业出版社,2011.

第4章 三自由度直升机系统

4.1 系统概述

三自由度直升机系统(简称直升机)由基座、平衡杆、平衡块和螺旋桨等部分组成。平衡杆以基座为支点,做俯仰和转动动作。螺旋桨和平衡块分别安装在平衡杆的两端。螺旋桨旋转产生的升力可以使平衡杆以基座为支点做俯仰动作,利用两个螺旋桨的速度差可以使平衡杆以基座为轴做旋转动作。平衡杆的旋转轴、俯仰轴和螺旋桨的横侧轴分别安装了编码器,用来测量平衡杆俯仰轴、旋转轴和螺旋桨横侧轴的数据。两个螺旋桨分别由两个直流无刷电机驱动,为螺旋桨提供动力。通过调节安装在平衡杆另一侧的平衡块可以减少螺旋桨电机的出力。安装在基座的集电环保证了系统本体和电控箱之间的信号传送不受直升机转动的影响。三自由度直升机系统示意图如图4-1所示。

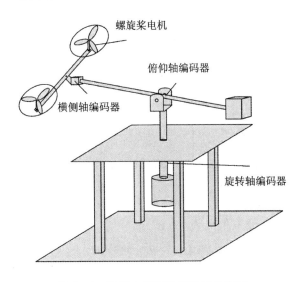

图 4-1 三自由度直升机系统示意图

4.2 系统建模

根据系统的特点可以将其分为三个轴(自由度)来分别建模。

4.2.1　俯仰轴

由图 4-2 可知,俯仰轴的转矩由两个螺旋桨电机产生的升力 F_1 和 F_2 所产生,故螺旋桨的升力 $F_h=F_1+F_2$。当升力 F_h 大于螺旋桨的合重力 G 时,$G=G_1+G_2$ 直升机上升;反之,直升机下降。现假定直升机悬在空中,并且俯仰角为零,就可得到下列等式。

$$J_e\ddot{\varepsilon} = l_1F_h - l_1G + l_2G_b = l_1(F_1+F_2) - l_1G + l_2G_b \qquad (4-1)$$

式中:G_b 为平衡块重力。由于螺旋桨的升力由电机提供,假设 V_1 和 V_2 是螺旋桨两个电机的电压,其与升力呈线性关系,即

$$F_1 = K_cV_1$$

式中:K_c 为螺旋桨电机的升力常数。令俯仰轴产生的有效重力矩为 T_g,则

$$T_g = l_1G - l_2G_b = m_hgl_1 - m_bgl_2$$

则式(4-1)可写成

$$J_e\ddot{\varepsilon} = K_cl_1(V_1+V_2) - T_g = K_cl_1V_s - T_g \qquad (4-2)$$

式中:$V_s=V_1+V_2$。

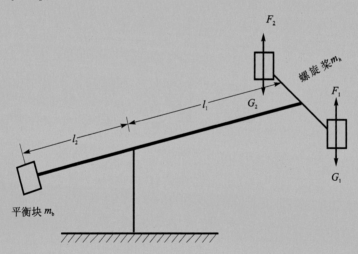

图 4-2　俯仰轴

公式中各参数含义及取值见表 4-1。

表 4-1　电气参数取值

代　号	含　　义	大　小	单　位
J_e	俯仰轴转动惯量 $J_e=m_hl_1^2+m_bl_2^2$	0.766 3	kg·m²
J_t	旋转轴转动惯量	0.766 3	kg·m²
J_p	横侧轴转动惯量	0.026 6	kg·m²
m_h	螺旋桨本体质量	1.500	kg

代　号	含　义	大　小	单　位
m_b	平衡块质量	2.120	kg
l_1	螺旋桨到支点的距离	0.65	m
l_2	支点到平衡块的距离	0.25	m
l_p	螺旋桨到横侧轴支点的距离	0.17	m
K_c	电机力常数	0.50	N/V
F_h	螺旋桨悬浮力	0.69	N
m_g	螺旋桨等效质量		kg
$\ddot{\varepsilon}$、$\ddot{P}$	俯仰轴、横侧轴的转动加速度		
γ	旋转轴旋转速度		rad/s

4.2.2　横侧轴

由图 4 - 3 可知,横侧轴由两个螺旋桨产生的升力控制,如果 F_1 产生的升力大于 F_2 产生的升力,则螺旋桨本体就会产生倾斜,这样就会产生一个侧向力,使直升机围绕基座旋转。

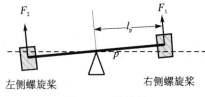

图 4 - 3　横侧轴

$$J_p \ddot{P} = F_1 l_p - F_2 l_p \qquad (4-3)$$

同理,螺旋桨的升力与电机电压呈线性关系,因此

$$J_p \ddot{P} = K_c l_p (V_1 - V_2) = K_c l_p V_d \qquad (4-4)$$

式中:$V_d = V_1 - V_2$。公式中各参数含义及取值见表 4 - 1。

4.2.3　旋转轴

旋转轴也称巡航轴,模拟平衡杆在水平面的运动。当横侧轴倾斜时,会产生一个垂直于两个螺旋桨所在平面的侧方向升力 F_h,如图 4 - 4 所示。该侧方向升力 F_h 在竖直平面内的分力可以让直升机本体在空中处于悬停状态。在水平面的另一个分力是旋转轴在水平面内运动的动力来源,旋转轴在 F_h 的水平方向升力分量的作用下不断加速直至达到给定的参考旋转速度。

其动力学方程如下:

$$J_t \dot{r} = F_h (\sin p) l_1 \qquad (4-5)$$

式中:p 为横侧角;$\dot{\gamma}$ 为旋转角加速度。如果横侧角 p 很小,则侧方向升力 F_h 的大小约等于两个螺旋桨的等效重力 G,即有

$$F_h = F_1 + F_2 = K_c V_1 + K_c V_2 = -G$$

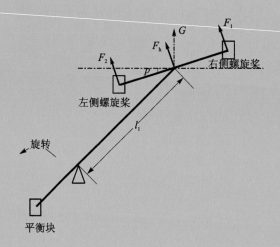

图 4 - 4　旋转轴

因此上式也可以写为

$$J_\mathrm{t}\dot{r} = -G(\sin p)l_1 \qquad\qquad (4-6)$$

由三个轴的动力学方程可知,俯仰角加速度是加在两个螺旋桨电机的电压和的函数;横侧轴角加速度是两个电机电压差的函数;当横侧角较小时,旋转轴的角加速度和横侧角可以看成比例关系。

4.3　控 制 系 统 设 计

4.3.1　PID 理论仿真分析

1. 俯仰控制器设计

如果忽略重力扰动力矩 T_g,由式(4-2)可以得到下面的线性系统:

$$J_e\ddot{\varepsilon} = K_cl_1(V_1 + V_2) = K_cl_1V_s \qquad\qquad (4-7)$$

式中: $V_s = V_1 + V_2$,是加在电机上电压之和。由式(4-7)易知有如图 4-5 所示的方框图。

易知此系统为 Ⅱ 型系统,且系统不稳定。可以设计如图 4-6 所示的 PD 校正。

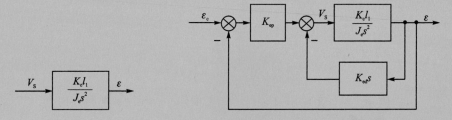

图 4 - 5　俯仰轴模型框图　　　　　　　　图 4 - 6　俯仰轴反馈校正框图

图 4-6 中，ε 代表实际俯仰角，ε_c 代表参考俯仰角，且

$$V_s = K_{ep}(\varepsilon_c - \varepsilon) - K_{ed}\dot{\varepsilon} \qquad (4-8)$$

由控制框图可以推出系统的闭环传递函数：

$$\frac{\varepsilon(s)}{\varepsilon_c(s)} = \frac{\dfrac{K_c K_{ep} l_1}{J_e}}{s^2 + \dfrac{K_c K_{ed} l_1}{J_e}s + \dfrac{K_c K_{ep} l_1}{J_e}} \qquad (4-9)$$

式（4-9）中分母可看作二阶系统的一般形式：$s^2 + 2\zeta\omega_n s + \omega_n^2$，且二阶系统的峰值时间为 $t_p = \dfrac{\pi}{\omega_n \sqrt{1-\zeta^2}}$，因此可以通过选择所期望的性能指标 t_p 和 ζ 来确定期望的响应。

由此，通过 MATLAB 里的 SIMULINK 模块仿真俯仰轴的角度控制。如果预先给定性能指标，如表 4-2 所列，则可以通过调整 K_{ep} 和 K_{ed} 的值，得到如图 4-7 所示的曲线。图 4-7 中，假定输入幅值为 35。

表 4-2　三轴控制指标

三　轴	t_P	ζ
俯仰轴	2	0.707
横侧轴	1.5	0.707
旋转轴	8	0.707

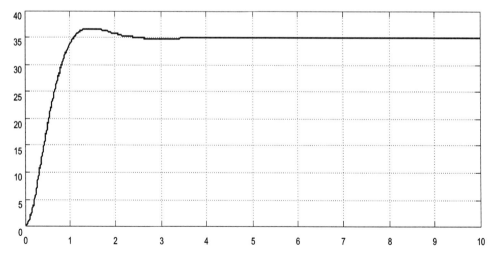

图 4-7　俯仰轴角度控制仿真曲线

2. 横侧轴控制器设计

改变直升机横侧轴倾斜角的大小可以控制直升机的旋转速度，如此需要设计一个控制器来控制直升机的横侧角。由式（4-4）可得横侧轴被控模型，如图 4-8 所示。

同理设计 PD 控制器，如图 4-9 所示。

图中

$$V_d = K_{pp}(p_c - p) + K_{pd}\dot{p} \tag{4-10}$$

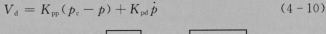

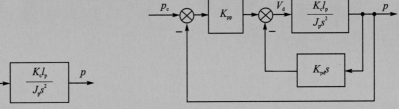

图 4-8　横侧轴模型框图　　　　　　**图 4-9　横侧轴反馈校正框图**

校正后，系统闭环传递函数为

$$\frac{p(s)}{p_c(s)} = \frac{\dfrac{K_c l_p K_{pp}}{J_p}}{s^2 + \dfrac{K_c l_p K_{pd}}{J_p}s + \dfrac{K_c l_p K_{pp}}{J_p}} \tag{4-11}$$

同理，可以通过选择 K_{pp} 和 K_{pd} 来实现期望的 t_p 和 ζ。

3. 旋转轴控制器设计

由式（4-5）旋转轴的动力学方程可知，当横侧角 p 在一个很小的角度内变化时（$p<20°$），可以将其线性化，即

$$J_t\dot{r} = F_h l_1 p \tag{4-12}$$

同理，为了达到所期望的旋转速度，可以为该系统设计 PI 控制器，如图 4-10 所示。

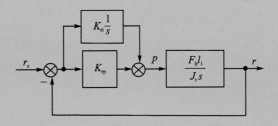

图 4-10　旋转轴反馈校正框图

则横侧角 p 为

$$p = K_{rp}(r_c - r) + K_{ri}\int(r_c - r) \tag{4-13}$$

由此可得到系统的闭环传递函数为

$$\frac{r(s)}{r_c(s)} = \frac{\dfrac{K_{rp}F_h l_1 s + K_{ri}F_h l_1}{J_t}}{s^2 + \dfrac{K_{rp}F_h l_1}{J_t}s + \dfrac{K_{ri}F_h l_1}{J_t}} \tag{4-14}$$

此控制器同样可以按照二阶控制器来设计,即通过选择 K_{rp} 和 K_{ri} 来实现期望的 t_p 和 ζ。同时,由式(4-4)知,横侧轴的横侧角 p 由螺旋桨的电压差提供,且由式(4-13)可知改变直升机横侧轴倾斜角的大小可以控制直升机的旋转速度。如此根据横侧轴及旋转轴之间的相关性,可以将其合为一个系统进行设计。如图 4-11 所示,其中内环为横侧轴 PD 控制,外环为旋转轴 PID 控制。K_{rd} 为旋转轴微分系数。

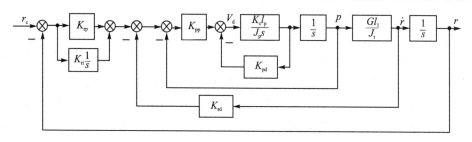

图 4-11　横侧轴旋转轴反馈 PID 校正框图

联立仿真,得到如图 4-12 所示的仿真图与仿真曲线。图中,假设旋转角(Pitch angle)输入幅值为 25。从图中可以看出横侧轴的响应时间要快于旋转轴的响应时间,因为旋转轴控制器是根据横侧角(Travel angle)来控制的。同时,在搭建 SIMU-LINK 模块时,也可以对横侧角的实际值进行限幅,即 $p \leqslant p_{max}$。因为当 p_{max} 较小时,可以得到一个比较平稳的飞行状态,这样虽然会限制直升机的加速度,但是可使直升机保持一个比较好的飞行姿态。当 p_{max} 较大时,直升机的启停会非常快,但螺旋桨本体会产生晃动,并丧失高度。

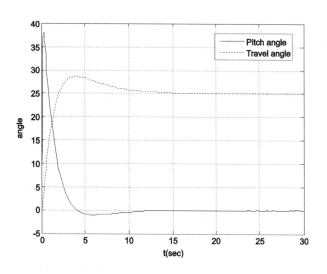

图 4-12　横侧轴与旋转轴角度控制仿真曲线

4.3.2　LQR 控制器的设计

上述仿真是根据经典控制论的方法凭经验选取峰值时间和阻尼比，现在从多变量的角度用现代控制论的方法来设计 LQR 控制器。

已知系统的状态空间模型为

$$\begin{cases} \dot{x} = Ax + Bu \\ y = Cx + Du \end{cases}$$

根据前述，系统的俯仰角（Elevation angle）为 ε，俯仰角微分为 $\dot{\varepsilon}$，横侧角（Travel angle）为 p，横侧角微分为 $\dot{p}$，旋转角为 γ，选取系统的状态变量 $x^{T} = [x_1 \quad x_2 \quad x_3 \quad x_4 \quad x_5]^{T} = [\varepsilon \quad p \quad \dot{\varepsilon} \quad \dot{p} \quad \gamma]^{T}$，系统输入为 $u^{T} = [V_1 \quad V_2]^{T}$，系统的被控量为俯仰角 ε 与横侧角 p。联立式（4 - 4）、式（4 - 7）、式（4 - 12），之后得到系统的状态空间模型如下：

$$\left.\begin{aligned}\begin{bmatrix} \dot{\varepsilon} \\ \dot{p} \\ \ddot{\varepsilon} \\ \ddot{p} \\ \dot{\gamma} \end{bmatrix} &= \begin{bmatrix} 0 & 0 & 1 & 0 & 0 \\ 0 & 0 & 0 & 1 & 0 \\ 0 & 0 & 0 & 0 & 0 \\ 0 & 0 & 0 & 0 & 0 \\ 0 & \frac{F_h l_1}{J_t} & 0 & 0 & 0 \end{bmatrix}\begin{bmatrix} \varepsilon \\ p \\ \dot{\varepsilon} \\ \dot{p} \\ \gamma \end{bmatrix} + \begin{bmatrix} 0 & 0 \\ 0 & 0 \\ \frac{K_c l_1}{J_e} & \frac{K_c l_1}{J_e} \\ \frac{K_c l_p}{J_p} & -\frac{K_c l_p}{J_p} \\ 0 & 0 \end{bmatrix}\begin{bmatrix} V_1 \\ V_2 \end{bmatrix} \\[2mm] y &= \begin{bmatrix} 1 & 0 & 0 & 0 & 0 \\ 0 & 1 & 0 & 0 & 0 \\ 0 & 0 & 0 & 0 & 1 \end{bmatrix}x\end{aligned}\right\} \quad (4-15)$$

将表 4 - 1 的参数代入，得到

$$A = \begin{bmatrix} 0 & 0 & 1 & 0 & 0 \\ 0 & 0 & 0 & 1 & 0 \\ 0 & 0 & 0 & 0 & 0 \\ 0 & 0 & 0 & 0 & 0 \\ 0 & 0.5853 & 0 & 0 & 0 \end{bmatrix}, \quad B = \begin{bmatrix} 0 & 0 \\ 0 & 0 \\ 0.4241 & 0.4241 \\ 3.1979 & -3.1979 \\ 0 & 0 \end{bmatrix}$$

用 MATLAB 计算 $q = [B \quad AB \quad A^2B \quad A^3B \quad A^4B]$，易知 $\text{rank}(q) = 5$，即系统可控。而根据 1.5 节对 LQR 的阐述，线性二次型即是寻求最优控制 $u(t)$，使得性能指标最小：

$$J = \int_0^{\infty} (x^{T}Qx + u^{T}Ru)\,\mathrm{d}t \quad (4-16)$$

选定 $R = \text{diag}([5 \quad 5])$，$Q = \text{diag}([300 \quad 300 \quad 1 \quad 1 \quad 1])$，用 MATLAB 语言编程如下：

```
clear;
        0      0      1    0    0;
        0      0      0    1    0;
A = [0      0      0    0    0;];
        0      0      0    0    0;
        0    0.5853   0    0    0

            0        0;
            0        0;
B = [0.4241    0.4241; ];
      3.1979   - 3.1979;
            0        0

        1    0    0    0    0;
C = [0    1    0    0    0;];
        0    0    0    0    1

D = [0];
Q11 = 300; Q22 = 300;Q33 = 1;Q44 = 1;Q55 = 1;
        Q11  0    0     0     0;
          0   Q22   0     0     0;
Q = [   0    0    Q33   0     0; ];
          0    0     0    Q44   0;
          0    0     0     0    Q55

R = [5   0;
      0   5];
P = care(A,B,Q,R)
K = inv(R) * B' * P


V1 = 0.4;V2 = 0.2;
Eleva = 0.1;dEleva = 0;
Travel = 0.1;dTravel = 0;
Rotate = 0;dRotate = 0;
tf = 5;
dt = 0.001;
for i = 1;tf/dt

        ddEleva = 0.4241 * (V1 + V2);
        ddTravel = 3.1979 * (V1 - V2);
        dRotate = 0.5853 * Eleva;

        dEleva = ddEleva * dt + dEleva;
        Eleva = dEleva * dt + Eleva;
        dTravel = ddTravel * dt + dTravel;
        Travel = dTravel * dt + Travel;
```

```
        Rotate = dRotate * dt + Rotate;

        V1 = - (K(1,1) * Eleva + K(1,2) * Travel + K(1,3) * dEleva + K(1,4) * dTravel + K
(1,5) * Rotate);
        V2 = - (K(2,1) * Eleva + K(2,2) * Travel + K(2,3) * dEleva + K(2,4) * dTravel + K
(2,5) * Rotate);

        t = i * dt;
        tp(i) = t;
        Eleva_p(i) = Eleva;
        Travel_p(i) = Travel;
        Rotate_p(i) = Rotate;
        V1_p(i) = V1;
        V2_p(i) = V2;
    end
figure(1)
subplot(3,1,1);plot(tp,Eleva_p);grid on;xlabel('t');ylabel('Elevation angle');
subplot(3,1,2);plot(tp,Travel_p);grid on;xlabel('t');ylabel('Travel angle');
subplot(3,1,3);plot(tp,Rotate_p) ;grid on;xlabel('t');ylabel('Rotation speed');

figure(2)
subplot(2,1,1); plot(tp,V1_p);grid on; xlabel('t');ylabel('V1');
subplot(2,1,2); plot(tp,V2_p);grid on; xlabel('t');ylabel('V2');
```

其中,可得状态方程得反馈增益为

$$\boldsymbol{K} = \begin{bmatrix} k_{11} & k_{12} & k_{13} & k_{14} & k_{15} \\ k_{21} & k_{22} & k_{23} & k_{24} & k_{25} \end{bmatrix} =$$

$$\begin{bmatrix} 5.477\,2 & 5.522\,7 & 3.607\,6 & 1.351\,7 & 0.316\,2 \\ 5.477\,2 & -5.522\,7 & 3.607\,6 & -1.351\,7 & -0.316\,2 \end{bmatrix}$$

因此,控制器的全状态反馈为

$$\begin{bmatrix} V_1 \\ V_2 \end{bmatrix} = - \begin{bmatrix} 5.477\,2 & 5.522\,7 & 3.607\,6 & 1.351\,7 & 0.316\,2 \\ 5.477\,2 & -5.522\,7 & 3.607\,6 & -1.351\,7 & -0.316\,2 \end{bmatrix} \boldsymbol{x} \qquad (4-17)$$

系统的仿真曲线如图 4 - 13 和图 4 - 14 所示。

可以看出,系统的初始状态为 $\boldsymbol{x}(0) = [0.1 \quad 0.1 \quad 0 \quad 0 \quad 0]^{\mathrm{T}}$,俯仰角在 1.5 s 以内回到零平衡位置,横侧角在 1 s 以内以系统可接受的稳态误差回到零平衡位置。旋转角速度与横侧角有如下关系:

$$\dot{\gamma} = 0.585\,3p$$

因此旋转角可以归于零,也可以归于一恒值,只要满足控制律趋于零即可。

另外,这种类型的反馈并没有考虑直升机横侧轴的影响,当直升机要达到一个所期望的旋转速度时,横侧轴很可能会由于横侧角过大造成丧失高度和飞行不平稳的

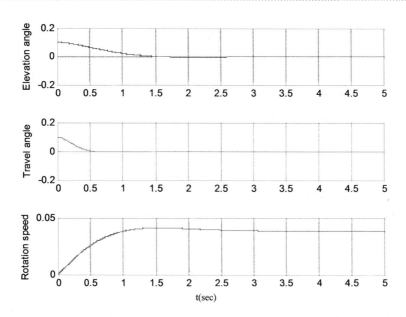

图 4 - 13　直升机俯仰角、横侧角、旋转角仿真曲线

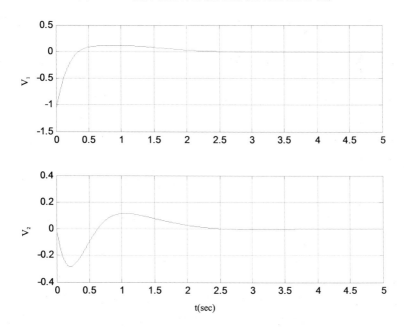

图 4 - 14　直升机两个电机输入信号仿真曲线

状态。所以在实际控制中需要对横侧角加上限幅,即不管目标旋转速度有多快,横侧
角都要限制在一定的范围内。

4.4　课后思考

① 根据图 4-6 利用 SIMULINK 搭建俯仰轴控制系统,并调整参数 K_{ep} 和 K_{ed},使之满足表 4-2 所列的条件。

② 根据图 4-9 利用 SIMULINK 搭建横侧轴控制系统,并调整参数 K_{pp} 和 K_{pd},使之满足表 4-2 所列的条件。

③ 根据图 4-11 利用 SIMULINK 搭建横侧轴旋转轴控制系统,并调整参数 K_{pp} 和 K_{pd}、K_{rp}、K_{rd}、K_{ri},使之满足表 4-2 所列的条件。

④ 请利用 SIMULINK 实现 LQR 控制器的设计。

⑤ 完成 PID 的实时仿真,比较纯仿真下和实物仿真下 PID 参数的不同,以及各自的抗干扰能力。

参考文献

[1] 杨慧萍,高贯斌,那靖. 三自由度直升机实验平台及姿态跟踪控制器设计[J]. 机械与电子,2015(5):69-72.

[2] 吴琼,王强,兰文宝,等. 基于模糊自适应 PID 三自由度直升机控制器的研究[J]. 黑龙江大学工程学报,2014,5(2):87-91.

[3] 于鉴,徐锦法. 无人直升机发动机 PID 自适应控制系统[J]. 系统仿真学报,2008,20(23):6466-6469.

[4] 葛金来,张承慧,崔纳新. 模糊自整定 PID 控制在三自由度直升机实验系统中的应用[J]. 信息与控制,2010,39(3):342-347.

[5] 赵笑笑. 基于 PID 控制器的三自由度直升机控制系统[J]. 山东电力高等专科学校学报,2009,12(4).

[6] 张乐,吴金男,毕少杰. 基于模糊 PID 的直升机模型飞行姿态控制[J]. 控制工程,2014,21(3):387-390.

[7] 贾森,王新华,龚华军,等. 基于模糊 PID 的直升机增稳控制系统设计与实现[J]. 电子测量技术,2015,38(11):70-73.

[8] 马云飞. 三自由度直升机模型的 PID 神经网络控制研究[J]. 沈阳大学学报,2010,22(4):15-17.

[9] 佚名. 三自由度直升机系统实验指导书[R]. 固高科技(深圳)有限公司,2004.

[10] 刘鑫. 三自由度直升机实验系统控制策略的研究[D]. 沈阳:东北大学信息科学与工程学院自动化研究所,2008.

[11] 葛金来. 三自由度直升机实验系统的控制策略研究[D]. 济南:山东大学,2010.

[12] 丁春龙. 三自由度直升机建模及控制方法研究[D]. 哈尔滨:哈尔滨理工大学,2014.

[13] 刘广磊. 三自由度直升机模型姿态控制方法研究[D]. 济南:济南大学,2014.

第二篇　测控系统设计与实现

第一篇中的案例侧重于控制系统的建模与仿真,第二篇则侧重于控制系统的设计与实现,即使用实际的元部件或程序搭建控制系统,使之完成控制任务。

第5章　温度控制系统的设计

自动控制原理中有关于自动控制的定义:自动控制是指在没有人直接参与的情况下,利用外加的设备或装置(称控制装置或控制器),使机器、设备或生产过程(统称被控对象)的某个工作状态或参数(即被控量)自动地按照预定的规律运行。反馈控制系统的基本组成如图 5-1 所示。

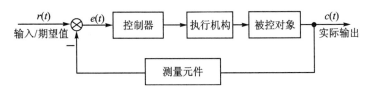

图 5-1　反馈控制系统的基本组成

5.1　设计要求

温度的控制是工程领域中应用最为广泛的控制之一。本设计是针对水箱中水的温度进行控制的。设计要求如下:

① 使用 51 系列单片机完成系统设计;程序语言采用单片机 C 语言,并在 Keil 环境下编译运行。

② 采用 PID 控制算法实现温度控制。

③ 能同时显示实时温度值和设置温度值。实时温度显示精度为 0.1 ℃,设置温度显示为 0.5 ℃。

④ 能够设置温度,温度设置范围在 0～99.5 ℃,越限报警,按键一次可以增加/减少 0.5 ℃。

⑤ 当前水温高于设定值时,关闭加热棒;低于水温则开启加热棒,实现强弱电隔离。

⑥ 设置开关键,按下断电;当设置温度时有灯亮,当开启加热棒时亦有灯亮。

5.2　任务分析

根据设计需求,这是一个以单片机为处理组件,实现水温控制的案例。其控制框图如图 5-2 所示。

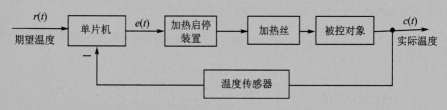

图 5-2　温度控制系统

首先,为了实现水温控制,必须设计以单片机为核心的硬件电路。硬件电路的设计与制作有 Protel DXP 软件,可以实现 PCB 板的制作;也可以使用 Proteus,可以实现电路仿真与软件仿真。

其次,就是为了实现上述功能要求而需要进行的软件编程设计,同时需要完成数字式 PID 的设计。

最后,软件调试与仿真,并实现控制功能。

5.3　电路设计

5.3.1　硬件总体框图

由前述可知,单片机作为核心的处理组件,需要实现与各功能单元电路的交互。即除了单片机最小电路之外,还需要有引脚实现人机交互(温度的显示与设置、按键、报警、指示等);温度检测可以选择数字式温度传感器或模拟式温度传感器,后者还需要 A/D 转换电路,并考虑温度检测的方式(周期、中断、定时)而预留引脚;加热启停电路需要考虑强弱电隔离。另外,对于上述选择的电子器件,根据其供电电压设计供电电路。电路总体框图参见图 5-3。

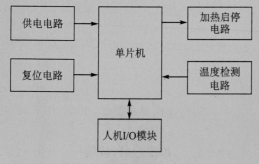

图 5-3　系统硬件控制框图

5.3.2　单片机电路

1. 51 单片机基本知识

单片机是在一块硅片上集成了各种部件的微型计算机,这些部件包括中央处理器 CPU、数据存储器 RAM、程序存储器 ROM、定时器/计数器和多种 I/O 接口电路。现今生产 51 系列单片机的公司很多,有 Intel 公司推出的 MCS-51 系列单片机、Atmel 公司推出的 AT89C51 系列、STC 公司推出的 STC89C51 和 C52 系列。

以 STC 公司生产的 STC89C52 单片机为例,其主要性能有:

- 增强型 8051 单片机,6 时钟/机器周期和 12 时钟/机器周期任选,指令代码完全兼容 8051。
- 工作电压为 5.5～3.3 V(5 V 单片机),工作频率范围为 0～40 MHz。
- 512×8 字节 RAM(内、外部各 256 字节),8 KB Flash 程序存储器。
- 32 个可编程 I/O 口,P1/P2/P3/P4 是准双向口/弱上拉,P0 口是漏极开路输出,作为总线时,不加上拉电阻;作为 I/O 口时,需加上拉电阻。
- 3 个 16 位定时器/计数器 T0、T1、T2。
- 6 个中断源(2 个外部中断、3 个内部中断、串口中断、16 位定时器 T2 中断)。
- 可编程串行 UART 通道等。

有关 51 系列单片机的详细知识可以参考相关书籍,这里不做赘述。对于初学者来说,笔者建议从单片机可实现的功能的角度进行学习会事半功倍。

2. 单片机最小电路

所谓单片机最小电路,是指使单片机能够工作的最小电路,包括时钟电路、复位电路、程序执行方式选择电路、程序烧写电路,如图 5-4 所示。

(1) 时钟电路

时钟电路通过向单片机提供一个正弦波基准信号,以决定单片机工作的时间基准,从而影响其工作速度。振荡电路如图 5-4 中 X1、X2 引脚所示,其中电容器 C5、C7 起稳定作用;Y1 为石英晶体振荡器,如图 5-5 所示。晶振用来构成振荡电路,产生各种频率信号。

要想确定单片机指令的工作时间基准,要明白以下几个概念:

① 时钟周期:如果晶振是 12 MHz 的,则时钟周期=振荡周期=$(1/12)$ μs。

② 状态周期:51 单片机中把 1 个时钟周期定义为 1 个节拍,2 个节拍定义为状态周期。

③ 机器周期:51 单片机中 1 个机器周期由 6 个状态周期组成,也就是 12 个时钟周期,即 $12×(1/12)$ μs =1 μs。

④ 指令周期:为执行一条指令所需的时间。

(2) 复位电路

复位电路产生复位信号,使单片机从固定的起始状态开始工作,完成单片机的

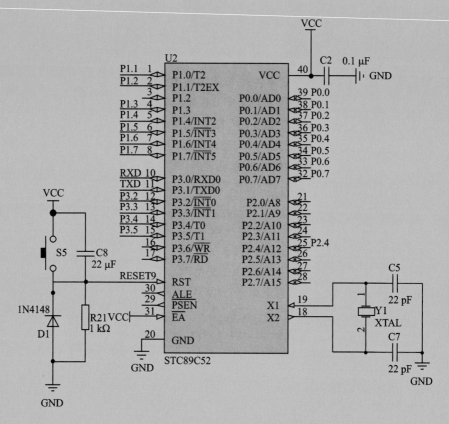

图 5 - 4　单片机最小电路

图 5 - 5　几种常见的晶振

"重启"功能。RST 引脚是复位信号的输入端,且高电平有效。复位电路的连接方式有上电复位、手动复位、混合复位。图 5 - 4 中所示的电路是混合复位电路。

(3) 程序执行方式

程序执行方式指单片机所执行的程序可以在内部 ROM、外部 ROM 或者同时放在内外 ROM 中。若程序放在外部 ROM 中,则应使$\overline{EA}=0$;否则,可令$\overline{EA}=1$。本案例中不扩展外部存储器,因此$\overline{EA}$为高电平。同时,ALE 和$\overline{PSEN}$引脚在需要用到外部程序存储时,用作时钟触发,如果是片内 ROM,则悬空即可。

(4) 程序烧录接口

系统必须有能够实现程序烧录的功能,通常是将 TXD 和 RXD 引脚接出。

5.3.3 人机 I/O 模块

(1) 温度显示电路

根据前述要求,系统既能显示当前温度,又需显示设置温度,且温度显示精确到 0.1°。因此可以设计两个三位数码管用于显示,如图 5-6 所示。

数码管是由多个发光二极管封装在一起组成"8"字形的一种器件,如图 5-7(a) 所示。可以看到,每 1 位数码管都由 8 个发光二极管组成,其中 a~g 是 7 个线段形, dp 是 1 个小数点,这 8 位在数码管中称之为"段"。另外,com 引脚是这 8 个发光二极管的公共端,根据接法不同又区分为共阴极和共阳极数码管,如图 5-7(b)、(c)所示。这样,数码管就可以通过段选来决定显示什么数字,通过位选(com 引脚)决定是哪个数码管在显示。表 5-1 所列为 8 段共阴数码管在小数点不显示下的段码表。

表 5-1 共阴数码管段码表(小数点不显示)

数字或字符	dp g f e d c b a	段码(十六进制)	数字或字符	dp g f e d c b a	段码(十六进制)
0	0 0 1 1 1 1 1 1	0x3F	8	0 1 1 1 1 1 1 1	0x7F
1	0 0 0 0 0 1 1 0	0x06	9	0 1 1 0 1 1 1 1	0x6F
2	0 1 0 1 1 0 1 1	0x5B	A	0 1 1 1 0 1 1 1	0x77
3	0 1 0 0 1 1 1 1	0x4F	b	0 1 1 1 1 1 0 0	0x7C
4	0 1 1 0 0 1 1 0	0x66	C	0 0 1 1 1 0 0 1	0x39
5	0 1 1 0 1 1 0 1	0x6D	d	0 1 0 1 1 1 1 0	0x5E
6	0 1 1 1 1 1 0 1	0x7D	E	0 1 1 1 1 0 0 1	0x79
7	0 0 0 0 0 1 1 1	0x07	F	0 1 1 1 0 0 0 1	0x71

由此可知,数码管的 8 段要接到单片机的 I/O 引脚上。单片机总共有 4 组 32 位 I/O 口,分别为 P0、P1、P2、P3。通常选择 P0 口作为显示输出,但是 P0 口是集电极开路输出,没有输出高电平的能力,因此在接数码管时需要加上拉电阻,同时为了防止过大电流烧坏数码管,需要接限流电阻(具体由数码管工作电流决定),如图 5-6 所示。

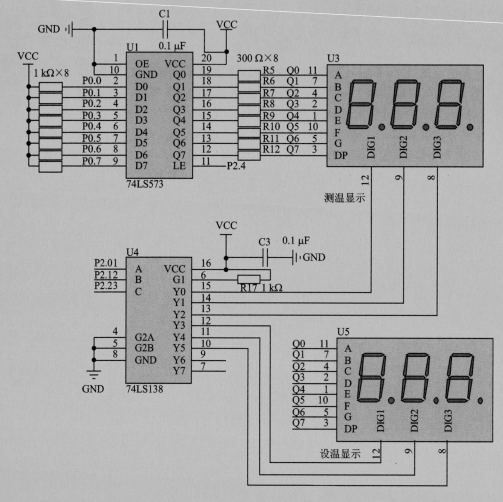

图 5 - 6　温度显示电路

　　图中,已经接了 2 个 3 位数码管,一个用于显示当前温度,一个用于显示设置温度。为了节省 I/O 口资源,采用一片 573 进行锁存,即这 2 个 3 位数码管的段都接于 573 上,通过 573 上的 LE 引脚进行锁存。

　　同时如果要位选,需要将这 6 位数码管的 com 端接到单片机的 6 个 I/O 口。也可以为了节省 I/O 口资源,加一片 38 译码器。需要注意的是,38 译码器输出的是低电平,因此如果用译码器,则数码管应选择共阴极。

　　(2) 按键输入电路

　　数码管引脚如图 5 - 7 所示。根据设计要求,能够进行温度设置。温度设置电路如图 5 - 8 所示。温度设置的入口可以用定时扫描的方式,也可以用单片机外部中断。图 5 - 8 所示按键 S1 接入单片机 $\overline{\text{INT0}}$(P3.2)口,如果采用外部中断的方式进入温度设置程序,则可使用此按键,或者可以利用 20 ms 定时扫描按键是否按下。同时

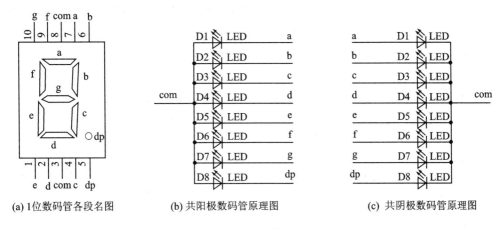

(a) 1位数码管各段名图　　　(b) 共阳极数码管原理图　　　(c) 共阴极数码管原理图

图 5 - 7　数码管引脚

设计有"温度＋"、"温度－"按钮,并增加多个按键用于功能扩展。

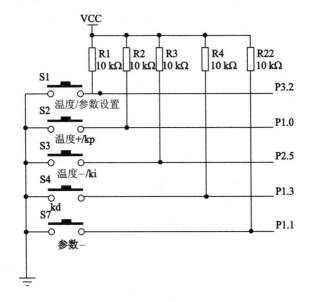

图 5 - 8　温度设置电路

5.3.4　测温电路

温度传感器的种类有很多,大体可以分为模拟式温度传感器与数字式温度传感器。模拟式温度传感器指的是传感器测温后的输出信号是模拟信号,如热电偶、热电阻等。如果想让单片机识别模拟信号,则必须设计 A/D 转换电路,将模拟信号转换为数字信号。数字式温度传感器的输出则为数字信号,一般可以直接送入单片机 I/O 引脚,如 DS18B20、LM35 等。因此其电路设计往往很简单,但是其相应的软件编程较为复杂。

本设计中从电路的简易设计上、是否能够满足温度测量范围和时间等角度,采用数字式温度传感器 DS18B20。DS18B20 的芯片如图 5-9(a)所示,其三个引脚的含义如表 5-2 所列。

其主要特点如下:

- 单线接口,与微处理器连接时仅需要一条口线,即可实现微处理器与 DS18B20 的双向通信。
- 不需要任何外围组件,全部传感组件及转换电路集成在形如一只三极管的集成电路内。

表 5-2　DS18B20 引脚说明

引脚名称	说　明
VDD	可选的+5 V 电源
DQ	数字输入/输出
GND	电源地

- 测温范围为 -55~+125 ℃,在 -10~+85 ℃时,精度为 ±0.5 ℃。
- 可编程的分辨率为 9~12 位,对应的可分辨温度分别为 0.5 ℃、0.25 ℃、0.125 ℃、0.0625 ℃,可实现高精度测温。在 9 位分辨率时,最多在 93.75 ms 内把温度转换为数字,12 位分辨率时最多在 750 ms 内把温度值转换为数字,速度较快。

通常为了使其可以应用在水面测温,会封装成如图 5-9(b)中一览三线的形式。因此,电路上,可以直接设计一个三线插座,并将接 DQ 的引脚经上拉后接入单片机机 P3.7,即 $\overline{RD}$ 引脚。

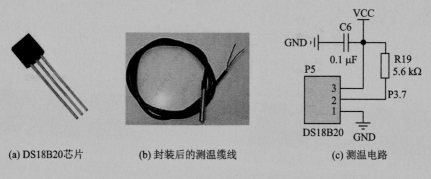

(a) DS18B20芯片　　　(b) 封装后的测温缆线　　　(c) 测温电路

图 5-9　DS18B20 及其测温电路

5.3.5　加热启停电路

单纯的不加控制算法的温度控制,即要求当实际温度高于期望值时,能够关闭加热装置,反之则开启或持续加热。实现这样的功能,可以采用固态继电器控制加热器工作。利用 PWM 的方式,通过控制固态继电器的开、断时间比来达到控制加热器功率的目的。这种方式适合低功率、精度要求不高的温控系统。除此之外,也可以使用可控硅控制加热器的工作。可控硅是一种半控器件,通过控制导通角,对每个周期的交流电进行控制,因为导通角连续可调,故控制精度较高。图 5-10 中采用的是第二种控制电路。

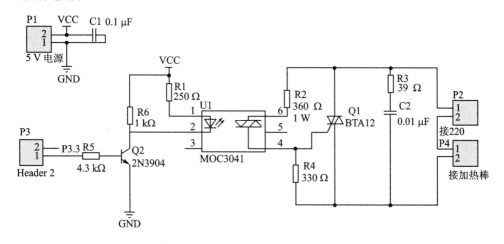

图 5 - 10　加热控制电路

（1）光　耦

光耦合器（Optical Coupler），亦称光电隔离器，简称光耦。光耦合器是以光为媒介传输电信号的一种电→光→电转换器件。它由发光源和受光器两部分组成。把发光源和受光器组装在同一密闭的壳体内，彼此间用透明绝缘体隔离。发光源的引脚为输入端，受光器的引脚为输出端。常见的发光源为发光二极管，受光器为光敏二极管、光敏三极管等。

在光电耦合器输入端加电信号使发光源发光，光的强度取决于激励电流的大小，此光照射到封装在一起的受光器上后，因光电效应而产生了光电流，由受光器输出端引出，这样就实现了电→光→电的转换。

由于光耦合器输入输出间互相隔离，电信号传输具有单向性等特点，因而具有良好的电绝缘能力和抗干扰能力。又由于光耦合器的输入端属于电流型工作的低阻组件，因而具有很强的共模抑制能力。所以，它在长线传输信息中作为终端隔离组件可以大大提高信噪比。

光耦具体的型号有多种，电路中使用的 MOC3041，其输入端的控制电流为15 mA，输出端额定电压为 400 V，输入输出端隔离电压为 7 500 V。

（2）过零检测电路

在交流功率设备开关设计中，通常将开关点选在交流信号的过零点，这样可以减少对电源的干扰，一般不会引起打火及很大的噪声，对设备和开关的寿命有好处。

对于有过零检测功能的 MOC3041，它每次在过零点时会判断有没有光输入，如果有前置电流 IF，那么在这个周期之内，它是导通的。基于这种特性我们可以用它来实现过零控制，过零控制的缺点是控制精度低，优点是对电网没有污染。

（3）双向晶闸管

MOC3041 一般不直接控制负载，而是将其应用于中间控制电路或用于触发大功率的晶闸管。因此在本系统中，光耦后还接了双向晶闸管。

　　双向晶闸管的结构属于 NPNPN 五层器件,如图 5-11 所示,三个电极分别是 T1、T2、G。因该器件可以双向导通,故除门极 G 以外,T1、T2 两个电极统称为主端子。当 G 极和 T2 极相对于 T1 的电压均为正时,T2 是阳极,T1 是阴极。反之,当 G 极和 T1 极相对于 T2 的电压均为负时,T1 为阳极,T2 为阴极。

　　双向晶闸管的导通特性如图 5-12 所示。

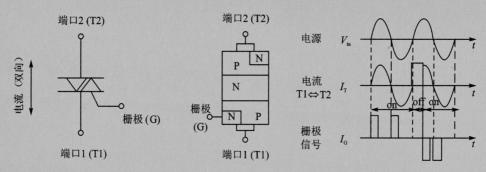

图 5-11　双向晶闸管的符号和结构　　　　**图 5-12　双向晶闸管的导通特性**

　　从双向晶闸管导通特性图中可以看出,不管控制极 G 电压极性如何,只要 G 有触发信号,晶闸管信号都可以被双向导通。当信号过零时,可控硅自然被关断。图 5-12 表明了导通的四种情况:①T1T2 为正,G 为正;②T1T2 为正,G 为负;③T1T2 为负,G 为正;④T1T2 为负,G 为负。当然一般最好使用在对称的情况下,即①与④或②与③,以使正负半周能得到对称的结果。最方便的控制方法则为①与④,因为控制极信号与 T1T2 同极性。

　　双向晶闸管的型号非常多,有 BT 系列的 BT136、TLC 系列的 TLC331T/S、LittleFuse 的 Q6010L5 等。

5.3.6　电源电路

　　结合上述电路设计中采用的各类芯片,可以看出电路中各模块是 5 V 供电。对于 5 V 供电电路,可以直接采用干电池供电;或者考虑到加热棒还需要 220 V 交流电供电,因此也可以设计降压电路。本电路根据实验室条件采用 TPS7350 将 7.2 V 电池电压降为 5 V,加热棒直接使用 220 V 交流电供电。由此可得到总电路图如图 5-13 所示。

5.4　电路仿真

　　对于初学者来说,往往无法确认电路设计的准确性,这时可以使用 Proteus 软件,将上述原理图画出并仿真。

　　图 5-14 所示即是用 Proteus 软件设计出的用于仿真的电路图。其中,在 Proteus 中,单片机最小电路可以省略。加热棒使用 220 V 的灯泡代替,以观测加热电路的启停。双击单片机模块,选择生成的 hex 文件,即可实现仿真。

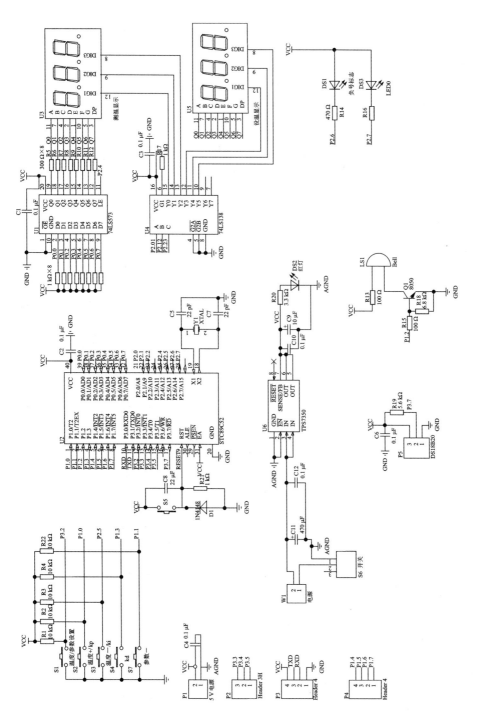

图 5-13　总电路原理图

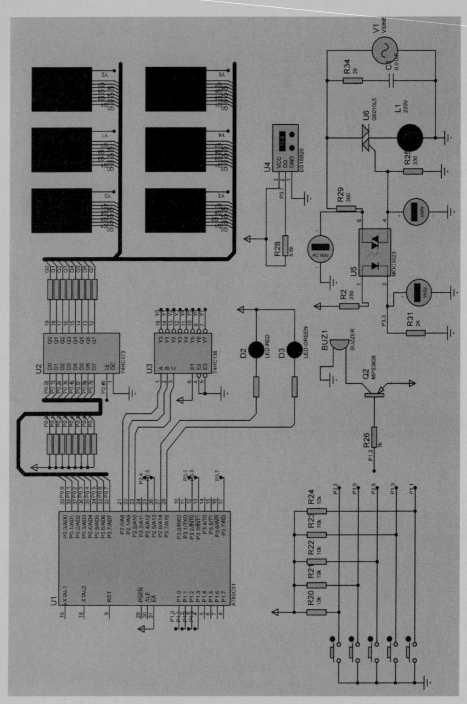

图 5-14　用于仿真的电路图

5.5 电路制作

如果电路确定设计无误,则可以设计出对应的 PCB 电路,完成印刷线路板的制作。其中,图 5-13 所示的电路原理图及图 5-10 所示的加热控制电路的 PCB 布局图如图 5-15 所示。制作好的 PCB 可以直接印刷制作,也可以在实验室利用洞洞板和焊锡丝进行制作。

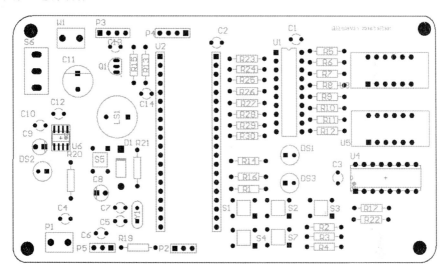

(a) 主电路板

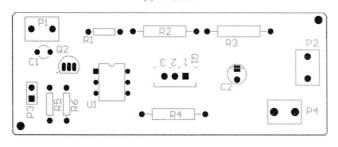

(b) 加热部分

图 5-15 PCB 布局图

5.6 软件设计

根据控制框图 5-2,如果要实现全部功能,则需要如图 5-16 所示的软件模块。

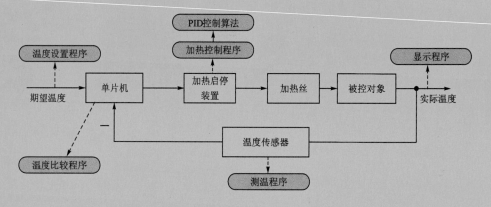

图 5 - 16　软件总体框图

5.6.1　主程序

主程序流程图如图 5 - 17 所示,主程序中循环等待中的程序如图 5 - 18 所示。

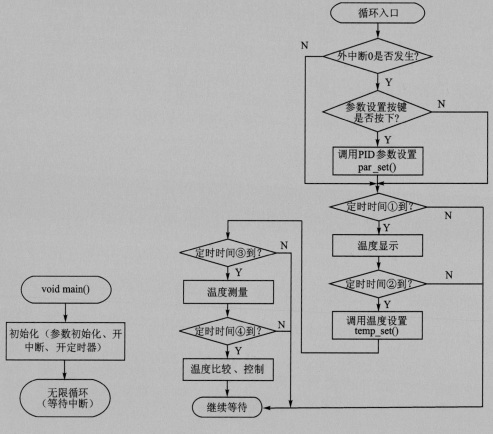

图 5 - 17　主程序流程图　　　　　　图 5 - 18　主程序中循环等待中的程序

　　主程序作为单片机的入口程序,主要承担的是各功能单元、程序单元中的参数初始化的作用,之后便是等待单片机发生中断,转入中断处理子程序。下面是主程序中部分代码示意:

```
void main(void)
{
    //参数、I/O、定时、中断等初始化

    while(1)
    {
        if(b10msEvent)
        {
            b10msEvent = 0;
            display(temp_Dis,0);              //显示实际温度值
            display(temp_Set_Dis,1);          //显示设置温度值
            if(b20msEvent)
            {
                b20msEvent = 0;
                key_scan();                   //按键扫描子程序
            }
            if(b500msEvent)
            {
                b500msEvent = 0;
                Temp_test = t_test();         //调用测温函数,
                tpl_test = Temp_test;
                tph_test = Temp_test >> 8;
                BtoD(tph_test,tpl_test);      //测出的二进制变为十进制用于显示
            }
            if(b5sEvent)
            {
                b5sEvent = 0;
                Temp_compare();               //5 s 为一个周期,进行温度比较与控制
            }
        }
    }
}
```

5.6.2　按键子程序

　　在硬件电路中,按键有接$\overline{\text{INT0}}$中断入口,因此在按键识别子程序中,可以由中断进入,即如果单片机$\overline{\text{INT0}}$引脚的按键按下,则在中断中设置标志位,在主程序中进行

标志位的判断程序；也可以采用定时扫描的方式，即只要定时到指定时间，程序进行标志位的判断后，进入扫描子程序。如图 5 - 19 所示的流程图中按 20 ms 一个周期进行按键扫描。

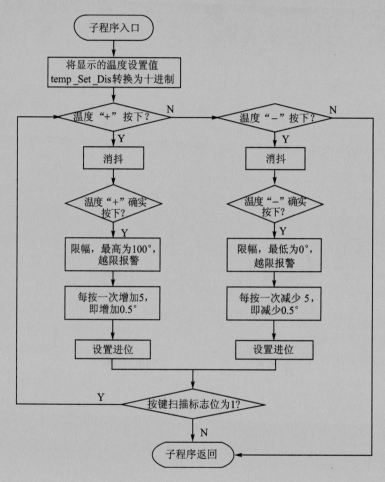

图 5 - 19　温度设置子程序

程序示意如下：

```
bit key_scan(void)
{
    int a;
    int i = 0,j = 0;

    a = temp_Set_Dis[2] * 100 + temp_Set_Dis[1] * 10 + temp_Set_Dis[0]; //变为十进制
    if((a == 995)&&(t_down == 1))          //温度设置设限为 0～99.5 ℃
    {
```

```
        return 0;
    }
    if((a == 0)&&(t_up == 1))
    {
        return 0;
    }


    if(t_up == 0)
    {
        while(! t_up);
            temp_Set_Dis[0] += 5;
        if(temp_Set_Dis[0] == 10)
            {
                temp_Set_Dis[0] = 0;
                temp_Set_Dis[1]++ ;
                if(temp_Set_Dis[1] == 10)
                {
                    temp_Set_Dis[1] = 0;
                    temp_Set_Dis[2]++ ;
                }
            }
    }
    else if(t_down == 0)
    {
        while(! t_down);
            temp_Set_Dis[0] -= 5;
        if(temp_Set_Dis[0]! = 0)
            {
                temp_Set_Dis[0] = 5;
                if(temp_Set_Dis[1] == 0)
                {
                    temp_Set_Dis[1] = 9;
                    if(temp_Set_Dis[2] == 0)
                        temp_Set_Dis[2] = 0;
                    else temp_Set_Dis[2] -- ;
                }
                temp_Set_Dis[1] -- ;
            }
    }
}
```

5.6.3 测温子程序

测温间隔采用定时器 T0,10 ms 一个中断,发生 50 个 T0 中断即 500 ms 调用测温子程序。

测温的元器件是 DS18B20,其硬件电路如图 5-9(c)所示。可以知道硬件连线很简单,但是其软件设计就较为复杂。DS18B20 采用的是一线通信接口,通常由总线控制器(多为单片机)向 DS18B20 发送能够完成特定任务的指令,并通过严格的时序,完成温度的测量、转换、发送。最终温度值存储在 TH(高温触发器)和 TL(低温触发器)中。测温步骤如图 5-20 所示。

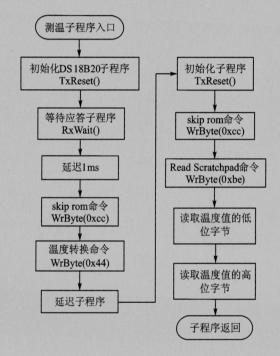

图 5-20 测温子程序

程序示意如下:

```
uint t_test(void)
{
    uint Temp;
    if(TxReset() == 0)          //复位
    return 0;
    WrByte(0xcc);               //忽略 ROM
    WrByte(0x44);               //发送温度转化命令
    delay_16us(90);             //实测延时约 495 μs
    if(TxReset() == 0)          //再次复位
```

```
    return 0;
    WrByte(0xcc);              //忽略 ROM
    WrByte(0xbe);

    Temp = RdByte();
    Temp |= RdByte() << 8;

    return Temp;
}
```

在测温程序中,最重要的就是 DS18B20 的时序,只要时序调整合适,温度可以很容易地被测量出来。下面简要说明 DS18B20 的时序。

1. TxReset( )

TxReset( )为 DS18B20 初始化子程序,其时序如图 5 - 21 所示。该初始化序列由主机发出,后由 DS18B20 发出存在脉冲(presence pulse)。当发出应答复位脉冲的存在脉冲后,DS18B20 通知主机它在总线上并且准备好操作了。

首先,总线上的主机通过拉低单总线至少 480 μs 来产生复位脉冲,然后总线主机释放总线。当总线释放后,上拉电阻把总线上的电平拉回高电平。此时当 DS18B20 检测到上升沿后等待 15～60 μs,然后以拉低总线 60～240 μs 的方式发出存在脉冲。至此,初始化和存在时序完毕。

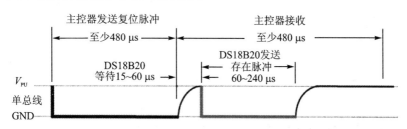

图 5 - 21　初始化时序

根据上述要求编写的复位函数如下:

```
uchar TxReset(void)
{
    DQ = 1;
    delay_16us(1);
    DQ = 0;
    delay_16us(70);            //拉低 480～700 μs,实测 550 μs
    DQ = 1;
    delay_16us(5);             //释放 15～60 μs,实测 28 μs
    if(!DQ)
```

```
    {
        delay_16us(30);          //18B20自己会拉低总线60~240 μs,然后释放总线
        delay_16us(30);          //整个需要480 μs来释放,整个实测是385 μs
        return 1;
    }
    else
    return 0;
}
```

其中延时函数如下,对于 12 MHz 晶振来说,其延迟时间为 $8 * us * 1$,单位为 μs。

```
void delay_16us(uint us)         //uint,其延迟时间为 8 * i * 时钟周期
{
    while( -- us);
}
```

2. WrByte( )

WrByte( )为 DS18B20 写字节子程序。主机在写时隙向 DS18B20 写入数据,并在读时隙从 DS18B20 读入数据。在单总线上每个时隙只传送一位数据,且 DS18B20 有两种写时隙:写"0"时间隙和写"1"时间隙。总线主机使用写"1"时间隙向 DS18B20 写入逻辑 1,使用写"0"时间隙向 DS18B20 写入逻辑 0。所有的写时隙必须有最少 60 μs 的持续时间,相邻两个写时隙必须有最少 1 μs 的恢复时间。两种写时隙都通过主机拉低总线产生,如图 5 - 22 所示。

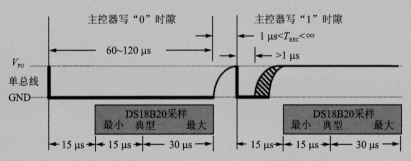

图 5 - 22　写时序

为产生写 1 时隙,在拉低总线后主机必须在 15 μs 内释放总线。在总线被释放后,由于上拉电阻的作用,总线恢复为高电平。为产生写 0 时隙,在拉低总线后主机必须继续拉低总线至少 60 μs。

在主机产生写时隙后,DS18B20 会在其后的 $15 \sim 60$ μs 的一个时间窗口内采样单总线。在采样的时间窗口内,如果总线为高电平,主机会向 DS18B20 写入 1;如果总线为低电平,主机会向 DS18B20 写入 0。

程序示意如下:

```
void WrByte(int wByte)
{
    uchar i;
    /*每一位至少要保证 60 μs,两次写间隔至少为 1 μs;
    写 0 主机拉低总线 60 μs 后释放;
    写 1 主机拉低总线并在 1~15 μs 内释放,然后等待 60 μs;*/
    for(i = 0; i < 8; i++)
    {
        DQ = 0;
        NOP();
        NOP();
        DQ = wByte & 0x01;
        delay_16us(4);//60 μs 内,DS18B20 采样在第 16~60 μs 之间
        DQ = 1;
        NOP();
        NOP();
        wByte >> = 1;
    }
}
```

3.　RdByte( )

RdByte( ) 为 DS18B20 读字节子程序。DS18B20 只有在主机发出读时隙后才会向主机发送数据。因此,在发出读暂存器命令 [BEh]或读电源命令[B4h]后,主机必须立即产生读时隙以便 DS18B20 提供所需数据。

所有的读时隙必须至少有 60 μs 的持续时间。相邻两个读时隙必须有最少 1 μs 的恢复时间。所有的读时隙都要通过拉低总线,持续至少 1 μs 后再释放总线(由于上拉电阻的作用,总线恢复为高电平)产生。在主机产生读时隙后,DS18B20 开始发送 0 或 1 到总线上。DS18B20 让总线保持高电平的方式发送 1,以拉低总线的方式表示发送 0。当发送 0 时,DS18B20 在读时隙的末期将会释放总线,总线将会被上拉电阻拉回高电平(也是总线空闲的状态)。DS18B20 输出的数据在下降沿(下降沿产生读时隙)产生后 15 μs 后有效。因此,主机释放总线和采样总线等动作要在 15 μs 内完成。读时序如图 5-23 所示。

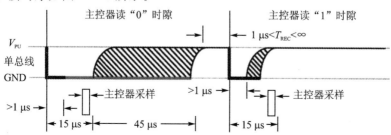

图 5-23　读时序

```
uchar RdByte(void)
{
    uchar rByte = 0;
    int i;
    for(i = 0; i < 8; i++)
    {
        rByte >> = 1;
        DQ = 0;
        NOP();              //拉低总线至少 1 μs
        NOP();
        DQ = 1;             //DQ 此时为读值,不受赋值影响
        NOP();
        NOP();
        NOP();
        NOP();              //读时隙为 7 μs,总线读取动作要在 15 μs 内完成
        if(DQ)
            rByte | = 0x80;
        delay_16us(8);      //延时 60 μs
        DQ = 1;
    }
    return rByte;
}
```

至此,测温程序完毕。DS18B20 是先读温度的低 8 位,再读高 8 位。从 DS18B20 读取的二进制数值必须先转换为十进制数值后,才能用于字符的显示。DS18B20 的转换精度可选为 9～12 位。这里选用 12 位转换精度,则温度寄存器的值以 0.062 5 为步进,即温度值 = 温度寄存器里的值 × 0.062 5,如此就得到实际的十进制温度值。十进制和二进制及十六进制之间的关系如表 5-3 所列。

表 5-3   DS18B20 温度与测得值对应表

温度/℃	二进制值			十六进制值
	符号位	百十个位	小数位	
+125	0000	0111 1101	0000	07D0H
+85	0000	0101 0101	0000	0550H
+25.062 5	0000	0001 1001	0001	0191H
+10.125	0000	0000 1010	0010	00A2H
+0.5	0000	0000 0000	1000	0008H
0	0000	0000 0000	0000	0000H
-0.5	1111	1111 1111	1000	FFF8H
-10.125	1111	1111 0101	1110	FF5EH
-25.062 5	1111	1110 0110	1111	FE6FH

其中,二进制高字节的高半字节是符号位,高字节的低半字节和低字节的高半字节转换为十进制后,就是温度的百、十、个位,而低字节的低半字节转换为十进制后,就是温度的小数部分。因为小数部分是半字节,所以二进制的数值范围是 0~F。在程序中可以提取出低字节的低半字节用来判断小数是多少,也可用近似的精度±0.5 ℃,即小数大于 0.5 则进位,小于 0.5 则保留。

5.6.4 显示子程序

从 DS18B20 的 TH 和 TL 寄存器读出的数,要先转化为十进制,用于数码管显示。数码管显示时,先位选,再将需要显示的数送入段位,依次从低到高将温度值显示出来。程序示意如下:

```c
void display(int Dis[], uint U_D)
{
    int i = 0,j = 0;
    if(U_D == 0)                         //U3 数码管显示测试的温度
    {
        for(i = 0;i < 3;i ++)            //选择某一位数码管
        {
            P2& = 0xf0;
            P2 | = table_Wei[i];
            LE = 1;
            if(i == 1)
            {
                P0 = table_p[Dis[i]];    //中间位显示带小数点的
            }
            else
            {
                P0 = table[Dis[i]];      //送要显示的数
            }
            LE = 0;
            for(j = 0;j < = 1000;j ++);  //延时
        }
    }
    if(U_D == 1)                         //U5 数码管显示设置的温度
    {
        for(i = 0;i < 3;i ++)            //选择某一位数码管
        {
            P2& = 0xf0;
            P2 = P2|table_Wei[i+3];
            LE = 1;
```

```
        if(i == 1)//if((i == 1)&&(INTO_TIME == 1))
        {
            P0 = table_p[Dis[i]];            //中间位显示带小数点的
        }
        else P0 = table[Dis[i]];            //送要显示的数
        LE = 0;
        for(j = 0;j < = 1000;j ++);          //延时
        }
    }
}
```

5.6.5　温度控制子程序

这里设置温度控制周期为 5 s,每 5 s 计算一次设置温度与实际温度的偏差,根据控制精度选择是否采用控制算法。对于水温加热这一被控过程,由于加热需要时间,实际必是一个具有延迟的系统。因此为了具有更好的控制效果,这里采用的温度控制算法是 PID 控制算法。前文已经阐述了数字式 PID 控制算法的设计流程,按照图 1-9 所示的流程图编写程序即可。那么由 PID 控制算法计算出的 $u(k)$ 怎样与加热装置联系呢? 这里提供以下三种方式:

(1) 脉宽调制(PWM)控制

脉冲宽度调制(Pulse Width Modulation)是利用微处理器的数字输出来对模拟电路进行控制的一种非常有效的技术,广泛应用于测量、通信、功率控制与变换等许多领域。它利用方波的占空比来调制模拟信号,并使用高分辨率计数器对此信号进行数字编码。

其中占空比指的是输出的 PWM 中,高电平保持的时间 t 与该 PWM 的时钟周期的时间 T 之比,如图 5-24 所示。占空比越大,高电平持续的时间越长,电路的开通时间就越长。利用单片机产生的 PWM 方波,可以用来控制电机调速等。

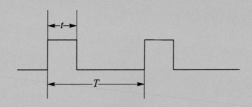

图 5-24　占空比的含义

这里假设系统水温从 10 ℃ 上升至 40 ℃ 需要约 5 min 时间,且为线性上升,另外考虑到 DS18B20 的分辨率为 0.5 ℃,则温度每变化 0.5 ℃ 需要 5 s。假设取 $T=5$ s,而偏差为温差,因此 PID 的计算结果仍是温度,如果此时 PID 的计算结果为 0.4 ℃,则加热时间为

$$\frac{0.4 \ ℃}{0.5 \ ℃} \times 100\% \times 0.5 \ s = 0.4 \ s$$

可以看到,这里采用的 PWM 控制方法实际上是对加热时间的控制,只是用了占空比的思想,单片机本身可以并不产生 PWM 方波。

（2）周波控制

由于加热控制电路中使用了 MOC3041 这一光耦隔离器件,它在交流电半波的零点或零点附近,如果器件的引脚 2 为低电平,则器件导通。对于市电 50 Hz 来说,1 s 内变化 50 个完整的正弦波,即 1 s 内有 100 个半波,1 个半波需要 10 ms,如图 5-25 所示。

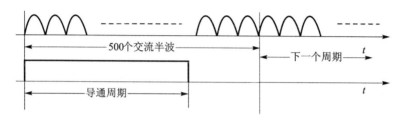

图 5-25 半波与导通周期

如果 PID 的控制周期 $T = 5$ s,则在这 5 s 内会有 500 个半波,如果温度采样是 100 ms 一次,则对应的 PID 计算结果输出为 0～50,即把这 5 s 划分为 50 等份,根据计算的结果来决定在这 5 s 内应该加热多少等份。如果 PID 的计算结果为 3,则应在 30 个波形内导通光耦,剩下 470 个半波里关闭光耦。如果需要精确控温,则电路设计中还需要增加过零计数电路。如果在控制精度要求不高的场合,可以在第一次过零导通后,顺序延时 300 ms,则这 30 个半波都是导通的。

（3）斩波控制

如图 5-26 所示,这里的斩波控制指的是在监测到过零点后,延时导通（小于 10 ms）,可以导通半波的 1/4 波、1/2 波、3/4 波,或任意角度的波形,越晚导通,则控制输出越弱。对于这种控制方式,明显控制精度很高,但是必须有过零监测电路。然而,对于水温控制这种大滞后的系统,一般不建议采用这种方式。斩波控制一般多用于电机类的调速控制。

如此,在水温控制中,较多的采用第一、二种方式。选定控制方式后,即可按如图 5-27 所示的流程图编制温度控制子程序及 PID 运算子程序。请读者自行尝试完成。

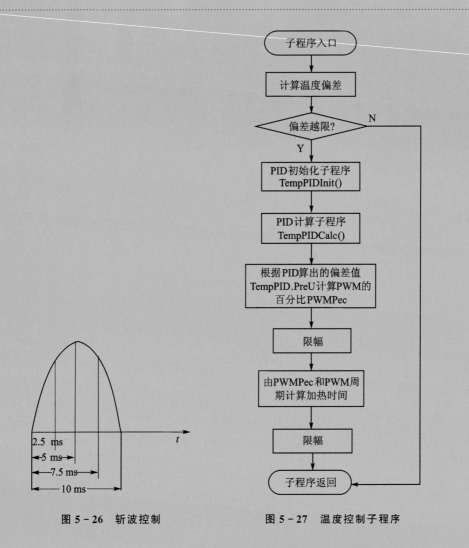

图 5 - 26　斩波控制　　　　　　图 5 - 27　温度控制子程序

5.7　系统调试

5.7.1　硬件调试

在硬件调试中,如前文所述,可先用 Proteus 软件调试弱电部分电路,保证电路的准确性。而对于图 5 - 10 所示的加热电路的调试,由于最终会接市电 220 V,在调试时要格外注意安全。如果实验室有条件,可以先将其接低压交流电源,保证电路的正确性后,再接 220 V 进行调试。下面说明强电部分的调试方法。

为方便阐述,将图 5 - 10 所示加热启停电路光耦输入端及之前的电路部分称为控制电路,将光耦输出端及之后的电路部分称为加热电路。电路调试前,应当先用万用表检查电路板焊接是否完好。调试时,可以分别对控制电路和加热电路进行调试。

1. 调试控制电路部分

在电路板焊接无误的前提下,使单片机 P3.3 引脚输出高电位,P2 暂时不接入 220 V 交流电,用万用表测量各点的电压。三极管基极应为高电位,集电极、发射极均为低电位,否则应检查三极管是否焊接错误或者是否损坏。然后测光耦 1、2 引脚的电压,应该为 0,否则应检查 U1 是否焊接错误或者是否损坏。

2. 调试加热电路部分

在电路板焊接无误且控制电路部分无误的前提下,使单片机 P3.3 引脚输出低电位,P2 接入 220 V 交流电,用万用表测量各点的电压。此时,由于光耦不导通,其 4、6 引脚应有较大电压,否则应检查光耦是否损坏或更换光耦的型号。接着检查双向晶闸管,其栅极应为低电位,两个主端子应为高电位,否则应检查双向晶闸管是否损坏或更换光耦的型号。

另外,应理解强电部分电阻电容参数的取值含义,在调试过程中应考虑其大小对电路造成的影响。

5.7.2　软件调试

1. 程序烧写

51 系列芯片市面常见的有 Atmel、STC 等,其中 STC 厂家的 51 系列芯片烧写相对较为简便。如果使用的是 STC 芯片,则需要另外购买类似于图 5 - 28 所示的 STC 烧录器烧写程序。

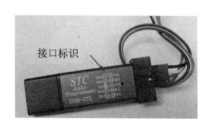

图 5 - 28　某款 STC 烧录器

将烧录器按照信号线指示以串口全双工方式接入电路板,并且根据其说明在计算机中安装相应的驱动。之后下载 STC 烧录软件,进行如图 5 - 29 所示的相应设置后,选择生成的 hex 文件进行程序烧写。

2. 联　调

由于 51 系列单片机一般只能直接进行程序的烧录,很少可以实时仿真,部分仿真器价格也过高,对于简单系统毕竟得不偿失。因此在进行弱电部分硬件与软件调试时,可以将编译软件 Keil 与硬件仿真软件 Proteus 进行联调,实现单片机的实时仿真调试。下面给出联调的设置步骤:

① 先下载 vdm51.dll,并将其复制到 Keil 安装目录下的 Keil\C51\BIN 里。

② 用记事本打开 Keil 目录下的 tools.ini 文件,添加如图 5 - 30 所示中最后一行。其中"TDRV6"中的"6"要根据实际情况写,不要和原来的重复。双引号里的文字其实就是在 Keil 选项里显示的文字,所以也可以自己定义。

③ 在 Keil 软件中"属性"面板里的"调试"选项中,选择"U 使用",在下拉菜单中

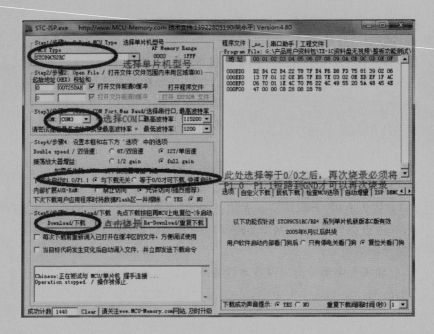

图 5 - 29　某版本 STC 烧录软件设置

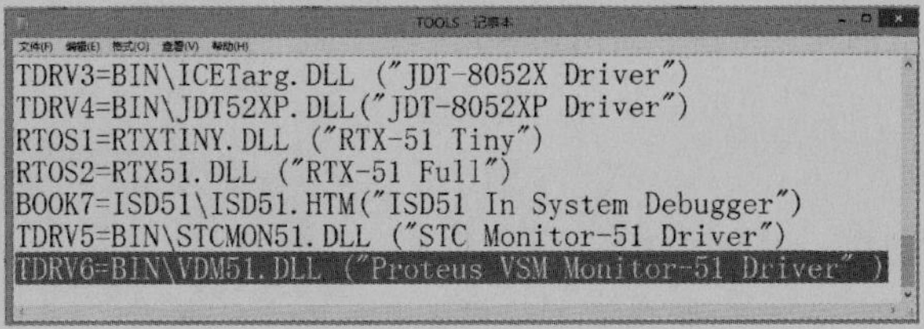

图 5 - 30　tools. ini 文件的设置

选择"Proteus VSM Monitor-51 Drive",勾选"运行到 main()",如图 5 - 31 所示。

④ 在 Proteus 的 Debug 菜单中选中 Use Remote Debug Monitor ,如图 5 - 32 所示。

如此便完成了联调的设置,联调会给软件调试、DS18B20 时序的调试带来巨大的便利。

3. 控制算法的调试

在控制算法的调试方面,首先要保证启停电路的正确性,因此可以先不加控制算法,调试使系统在有无偏差时能够实现加热电路的启停,之后再将 PID 控制算法加上。

在实时 PID 参数的调试时,要先通过串口将温度信息读入到计算机中,并用 Excel 将这些温度点作图,而后根据图形利用前文所述的 PID 参数整定的方法进行参数的调试。也可以通过 Labview 编制一个图形界面用于显示波形。另外,如果想实现

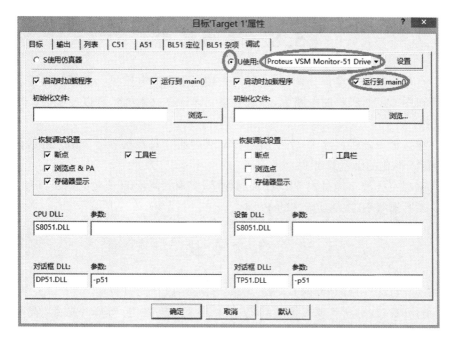

图 5 − 31　Keil 属性面板的设置

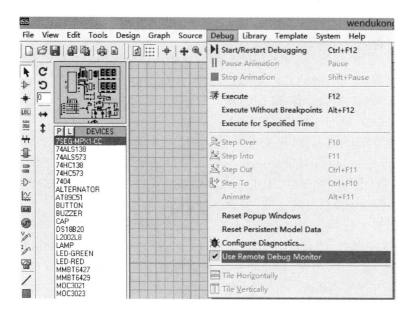

图 5 − 32　Proteus 的设置

离线调试,还需要在程序中利用按键编制 PID 参数调试的子程序。

5.8 课后思考

① 在进行硬件强电部分调试时,可以先接低压直流电压吗? 尝试并回答。

② 在图 5-10 所示的电路中,各阻值是怎样计算出来的? 可以改变每个电阻的阻值吗?

③ 在按键设置子程序中,文中所给方案从 0 通过每次加 0.5 加到 99.5,你是否能给出更人性化的编程设计呢?

④ 编写完成数字增量式 PID 算法的程序,实现实际 PID 参数的调试过程。

⑤ 编写离线 PID 参数调试的子程序。

参考文献

[1] 胡寿松.自动控制原理[M].6 版.北京:科学出版社,2013.

[2] Richard C Dorf,等. 现代控制系统[M].10 版. 谢红卫,等译. 北京:高等教育出版社,2007.

[3] 张丹,吴新开. 控制系统课程设计[M]. 长沙:中南大学出版社,2012.

[4] 马忠梅,王美刚,孙娟,等. 单片机的 C 语言应用程序设计[M].5 版. 北京:北京航空航天大学出版社,2013.

[5] 姜志海,赵艳雷,陈松. 单片机的 C 语言程序设计与应用——基于 Proteus 仿真[M].3 版.北京:电子工业出版社,2015.

[6] 第三章-数码管显示输出[EB/OL]. [2014-04]. http://www. docin. com/p—1085456266. html.

[7] DS18B20 Datasheet 时序完全解读[EB/OL]. [2015-05]. http://www. cn-blogs. com/wangyuezhuiyi/archive/2012/10/12/2721839. html.

[8] MOTOROLA SEMICONDUCTOR TECHNICAL DATA. MOC3041/D[S].

[9] 吉林华微电子股份有限公司. 双向晶闸管[S].

[10] 肖军,孟令军. 电子技术[M]. 北京:机械工业出版社,2012 年.

[11] 常喜茂,孔英会,付小宁.C51 基础与应用实例[M].北京:电子工业出版社,2009.

[12] 谷树忠,侯丽华,姜航. Protel 2004 实用教程——原理图与 PCB 设计[M]. 北京:电子工业出版社,2008.

[13] 温度 PID 控制参数整定[EB/OL]. [2014-04]. http://wenku. baidu. com/link? url = yr0kgnWkmrAEMY1WbTITCYTgt _ 6KprsGqDQ6h8FNN7cEsgp52gcnoq7VpIFLOTlUoqldkM4ic-yQousyHtzRXnZIncw4id2TzioaWVN7zg7.

[14] 如何让 KEIL 和 PROTEUS 联调连接[EB/OL]. [2015-05]. http://jingyan. baidu. com/article/09ea3ede2ca881c0aede39f0. html.

第6章 基于激光传感器的自主循迹智能车设计

智能车又叫做轮式移动机器人,是一种集环境感知、规划决策、自动行驶等功能于一体的综合系统,已广泛使用在科学探索、工业生产等领域。智能车能够实现自主运行,其中重要的一环是其能够对周围环境进行识别并按照预期目的进行行走。目前智能车的识别方式主要有循迹、避障、图像处理等,每一种方式又有其优缺点及独特的应用场合。本课题主要针对具有黑色引导线并带有弯道、坡道等特征的白色道路进行路径识别,如图 6-1 所示。

图 6-1 本课题中的典型路径

6.1 设计要求

① 使用 51 系列、飞思卡尔 16 位控制器系列、32 位 Kinetis 系列单片机完成系统设计。

② 车模采用四轮,运行方向不限。

③ 赛道路面为白色 KT 基板,赛道宽度不小于 45 cm。赛道两边有黑色线,黑线宽(25±5) mm,沿着赛道边缘粘贴。赛道与赛道的中心线之间的距离不小于 60 cm。

④ 路径识别采用光电类传感器。

⑤ 完成车体的机械设计、电路设计、软件编程,使车体能够自主识别路径并完成行驶,可以通过弯道、十字路口等一些基本赛道元素。

6.2　任务分析

　　智能车系统需要在如图 6-1 所示的赛道上,通过光电类传感器采集路径信息,并经过一定的程序处理,提取出黑线信息,使得智能车能够循线进行竞速赛跑。

　　通过分析易知,在整个系统中含有两种闭环控制:首先是循迹,即方向控制,要求能够通过传感器采集路径信息并根据信息自主行驶;其次是竞速,即速度控制,根据不同路况进行速度以及方向的改变,使其行驶过程又稳又快,如图 6-2 中的(a)、(b)所示。当然,这两种控制并不是完全独立的,二者存在耦合关系。例如在遇到弯道时,既需要方向控制改变行驶轨迹,也需要通过速度控制降低车速。先从能够完成功能需求的角度完成系统设计,对这种关系的解耦则通过程序上的算法和参数整定来实现。

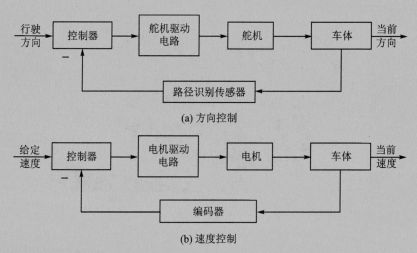

(a) 方向控制

(b) 速度控制

图 6-2　智能车系统里的方向控制、速度控制框图

　　在电路设计中,除了常规的单片机最小电路、I/O 电路、电源电路,为了实现图 6-2(a)中的方向控制,首先需要路径识别传感器来获取路径,并通过程序算法提取路径信息,并将偏差信号转换为舵机转角,从而控制当前车体方向;为了实现图 6-2(b)中的速度控制,需要速度传感器测速,并由偏差信号转换为电机转速,从而控制车体速度。

6.3　机械设计

　　在智能车机械系统中,基本部件如图 6-3 所示。在机械设计中,需要将如图 6-3 所示的部件合理地分配在车模里,这就涉及舵机安装、传感器布局及安装、编码器的安装、主控电路板的设计及安装。设计及安装的主要原则是使得车体的整体布局合理、简洁且有最佳的机械性能。

(a) 车　模

(b) 舵　机

(c) 编码器

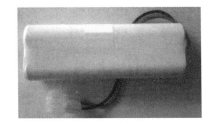
(d) 电　池

(e) 激光传感器

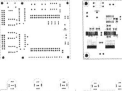
(f) 电路板图

图 6 - 3　智能车的基本组成

　　智能车的机械性能主要体现在车体重心、传感器前瞻、舵机连杆、前轮四角、齿轮啮合、车体质量等。这里简要说明重心的布置对车体性能的影响。

　　① 重心前后对车体性能的影响：重心过于靠前或靠后，影响轮胎的负荷，重心应在一个理想的位置使得四轮受力均匀；另外，如果重心过于靠前（转向轮），前轮转向负荷过大，从而增大舵机的转向力矩，且易发生后轴侧滑；重心过于靠后（驱动轮），会造成前轮摩擦力较小，转向发飘，易丧失转向性能。

　　② 重心高低对车体性能的影响：重心过高，车体在急速转弯时类似于圆周运动，此时离心力的作用点就是重心位置，轮胎与地面的接触点就是支点，重心的离地高度就是力臂。根据杠杆原理，如果受力大小相等，力臂越大，所受力矩越大，当离心力矩大于重力矩时，会发生侧向倾覆；即便不会翻车，也会使车体左右两侧轮胎受力不等，也会影响其操作稳定性。

6.3.1　传感器布局

1. 激光管的原理

　　根据赛道信息，跑道外铺以深色幕布，这对于赛道识别传感器来说，跑道主要区分为白色区域与黑色区域。如果使用激光管作为路径识别传感器，激光管发射激光照射跑道，则跑道的白色部分与黑色部分具有不同的反射强度，此时根据激光接收管接收到的光线强弱,并设计相应的硬件电路,使得单片机通过接收端口的"0"、"1"信息,区分反射的强弱光。

激光管反射光示意图如图 6-4 所示。

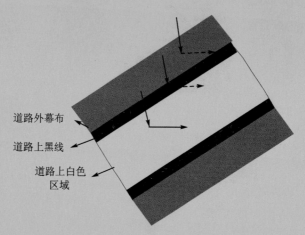

道路外幕布

道路上黑线

道路上白色
区域

图 6-4　激光管反射光示意图

由此可见,激光传感器由两部分构成:发射部分和接收部分。而接收部分之所以能只接收来自发射部分从赛道的反射光,是由于发射部分是由一个振荡管发出 180 kHz 频率的振荡波,而接收部分由一个匹配 180 kHz 的接收管接收返回的光,即激光传感器使用了调制处理,接收管只接受相同频率的反射光。

2. 激光管的布局

根据上述的原理,一对激光发射接收管可以获得一个道路信息,同一时间如果要获得当前前瞻下的所有信息,则需要多对激光发射接收管的组合,这就是激光管的布局问题。

(1)间　隔

激光头的布局间隔对智能车的运行具有一定影响,若过大,则会在间隔间形成空白部分,从而丢失道路信息;若过密,则会对元器件形成资源浪费,且过密的排列对控制性能的提高并不显著。

(2)前　瞻

前瞻指的是激光管所能照射到道路且路径能被识别的最远距离。理论上,智能车应具有较大的前瞻,因为这样可以拥有更多的赛道信息和反应时间;但前瞻过大会导致重心前移,与前文所述重心的布置产生矛盾,因此传感器的安装应与水平行驶方向成一定角度。

(3)排　列

对于多个激光传感器,还有排列方式的问题。常见的排列有"一"字形、"八"字形、"W"字形、双排等,如图 6-5 所示。其中"一"字形为传感器排列在一条直线上,其特点为纵向一致,即总有一个激光头可以感应到黑线;"八"字形提高了系统的前瞻,增加了纵向特性;"W"字形不仅将中间的传感器前置,还将感应道路两侧的传感器前置,增加了对弯道的敏感性。

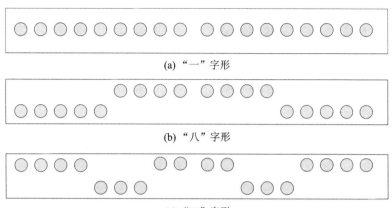

(a) "一"字形

(b) "八"字形

(c) "W"字形

图 6 - 5　激光管的排列示意图

本书所举的示例中激光头的布局为在"一"字形布局上做的改进。根据要求,道路宽度(含黑线)约为 450 mm,黑线宽度为 25 mm,分布于道路两侧。因此将激光对集中于两侧,使之能够获得较高的黑线提取精度,如图 6 - 6 所示。传感器间隔约为 18 mm,采用三发一收的模式采集信息,以及三个发射管对应一个接收管,并通过单片机实现分时接收。

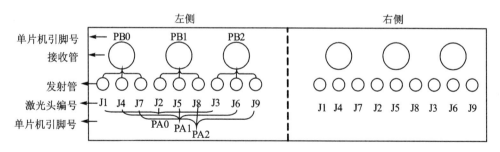

图 6 - 6　激光管布局图

6.3.2　舵机的安装

如图 6 - 3(b)所示,舵机的输出转角需要通过连杆传动从而控制转向轮转向。舵机是系统中一个具有较大时间常数的惯性环节。其时间延迟正比于转过的角度,反比于舵机的响应速度。对于快速性要求极高的智能车来说,舵机的响应速度是影响其过弯最高速度的一个重要因素。

目前,舵机的安装主要有立式、卧式、横式三种方式,如图 6 - 7 所示。

(a)立 式　　　　　　　　　(b)卧 式

(c)横 式

图 6 - 7　舵机的安装方式

(1)立式安装

此种安装方式最为常见,安装时将舵机置于车模的轴心位置,保持舵机两边的连杆等长。立式安装的优点是安装简单,增加了舵机的有效力臂长度,使其力矩长,响应速度快,但也使得车体重心升高,转弯容易侧翻。

(2)卧式安装

此种安装方式较之直立式安装重心明显降低,而且舵机支架力臂和车轮转向臂在同一平面上,意味着舵机的输出力矩大部分作用在车轮转向上,从而有效转向力矩大。但是,此种安装方式力矩较小,安装和后期调试复杂。

(3)横式安装

此方案重心最低,利用两个不等长的拉杆控制转向。但是由于连杆不等长,会对后期软件调试带来障碍。

6.3.3　编码器的安装

编码器应选用质量轻、精度高的传感器,其传动齿轮较小,基本上和电机的齿轮相同,目的是不影响加速性能。编码器在安装时主要需要注意齿轮啮合问题,既不可让齿轮咬合太紧以致加重负载,也不可太松而产生打齿行为。可以在安装好后单独给电机上电,通过电机旋转后的声音辨别齿轮啮合情况。一般经验值为齿轮间夹角小于 120°。编码器的某一安装图如图 6 - 8 所示。

图 6 - 8　编码器的安装

6.4　硬件设计

由前述可知,对于一个自动控制系统来说,若要实现自动化,则必然有运算处理单元。对于这些弱电系统来说,单片机往往是其核心的处理器件。为了完成图 6 - 2 中的任务,其硬件总体框图如图 6 - 9 所示。除单片机最小电路之外,还需要有引脚实现人机交互(按键、显示、报警、指示等)、路径信息采集(激光头)、车速信息采集(编码器)、转向控制(舵机)、电机驱动等。另外,对于上述选择的电子器件,根据其供电电压设计供电电路。

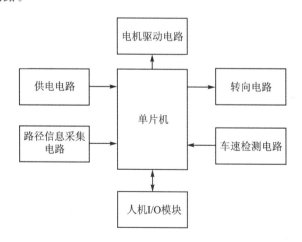

图 6 - 9　系统硬件结构图

6.4.1　单片机最小系统

本系统任务较之第 5 章温控系统更为复杂,处理的信息更多,特别是电机调速和

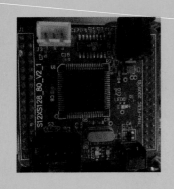

图 6 - 10　MC9S12XS128 - 80 最小系统板

舵机调向都需要用到 PWM 模块。因此,将单片机芯片换为 16 位芯片 MC9S12XS128。其最小系统同理也分为晶振电路、复位电路等,关于该芯片的知识请读者另行参考相关文献。最小系统可以根据自身需要自行设计,也可以直接使用最小系统板,如图 6 - 10所示。

MC9S12XS128 共有三种引脚封装,分别是 64 引脚、80 引脚和 112 引脚。图 6 - 10 所示为 80 引脚封装的最小系统板,预留 64 个可用引脚。除了 VCC 和 GND 外,还有通用端口资源 PA0～PA7、PB0～PB7、PE2～PE4、PJ6～PJ7;外中断源 PE0($\overline{XIRQ}$)、PE1($\overline{IRQ}$);TIM 通道 PT0～PT7;CAN0 的 PM0(RX)、PM1(TX);PWM 通道 PP0～PP7;ATD 模块 PAD0～PAD7。

在本方案中,其 I/O 口具体分配如下:
- PA 口和 PB 口与用于小车激光传感器发射和接收控制;
- PT7 用于车速检测的输入口;
- PWM 通道两两级联用于伺服舵机的控制信号输出和驱动电机的信号输出,如果电机需要正反转,则需要级联四个 PP 引脚。

6.4.2　供电电路

供电设计在任一一系统中都起着非常重要的作用。在本系统中,统一供电为 7.2 V 2 000 mA Ni-Cd 蓄电池,如图 6 - 3(d)所示。而在各电路模块中,所需电压各有不同,因此需要有电源管理模块将 7.2 V 转换成其他幅值的电压。

首先单片机最小系统、激光传感器电路、车速检测电路、按键显示等均为 5 V 供电。舵机系统根据舵机型号不同有不同的供电电压,本系统所采用的舵机为 S - D5 数码伺服器,其工作电压为 4.5～5.5 V,因此同样可以 5 V 供电。本系统采用的电机为 RS540,其空载电流为 1.72 A,最大电流为 9.71 A。虽然电机驱动电路是 5 V 供电,但有必要为其设计大电流电路。

其次由 7.2 V 转 5 V 的电源芯片很多,有线性稳压器件,如 78xx 系列三端稳压,其输出电压恒定或可调、稳压精度高,但电源利用率不高、工作效率低下,线性调整工作方式在工作中会造成较大的"热损失"。还有开关电源也可实现电压转换,其通过控制开关管的导通与截止时间,有效的减少工作中的"热损失",保证了较高的电源利用率,但开关电源对工作压降有要求,一般压降要求在 1 V 以上。另外,还有 TPS73XX 系列电源芯片,它是美国 TI 公司生产的微功耗、低压差电源管理芯片。

本方案采用 TPS7350 来实现 7.2 V 转换为 5 V 的功能,如图 6 - 11 所示。其中采用两片 TPS7350 的方式提供大电流 5 V 电源。

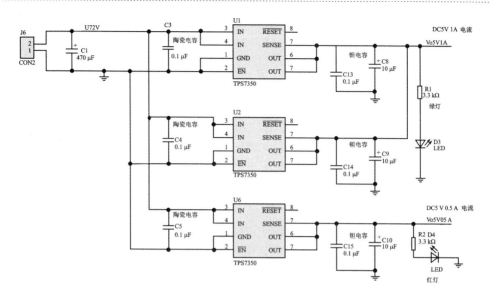

图 6-11　供电电路

6.4.3　路径信息采集电路

如前所述,由于跑道的深色区域和白色区域对激光照射的点具有不同的反射强度,可以利用接收管检测到这些信息。

1. 发射部分电路

图 6-12 为一侧激光发射部分电路,以其中一组为例,包括激光头电路、激光调

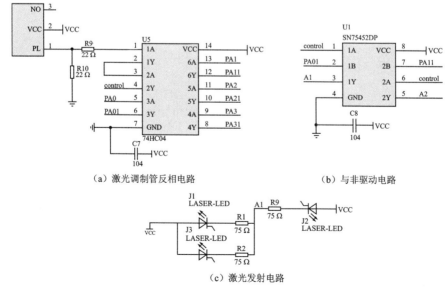

（a）激光调制管反相电路　　　　　　　　　（b）与非驱动电路

（c）激光发射电路

图 6-12　激光发射部分电路(以一组三个激光头为例)

制电路、反相电路。激光管的导通端接 5 V 电源,截止端每 3 个为一组,由单片机信号控制其分时点亮,如 A1 为低电平,则 J1~J3 亮,反之为高电平,则灭。

如上所述,激光发射管发出 180 kHz 频率的振荡波后,必须还要经过三极管放大,方可发射出激光,因此激光头的阴极 A1 需接入 SN75452DP。SN75452DP 是带有与非门的三极管,可以再接 74HC04 反相器将信号反相,如图 6-12 所示。一个 SN75452DP 有两组三极管放大,则左右两侧激光管 A1~A6 需要 3 片 SN75452DP,且需要 2 片 74HC04 反相 A1~A6 共 6 路信号。

如此,单片机引脚 PA0~PA5 用于控制左右两侧共 18 个激光管分时点亮,若 PA0~PA5 为低电平,则激光管点亮。

2. 接收部分电路

图 6-13 为左侧激光接收电路,加上右侧共 6 路信号进入单片机引脚 PB0~PB5。若激光照射到白色区域,接收管接收同频率光,则光敏管导通,PB0~PB5 为高电平,反之为低电平。其中,PB0 对应左侧 J1、J4、J7 的激光管反射情况,PB1 对应左侧 J2、J5、J8 的激光管反射情况,PB2 对应左侧 J3、J6、J9 的激光管反射情况,PB3~

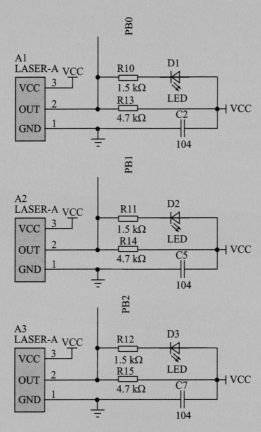

图 6-13 激光管接收电路

PB5 分别对应右侧激光管的反射情况,如图 6 - 6 所示。这样在硬件上便实现了激光路径识别。

硬件 PCB 布局可参照图 6 - 6,由于 PA0 控制激光发射管 J1、J2、J3,在布局时,J1,J2,J3 每隔两个激光管布局,即单片机一个引脚控制三个位置的激光管发射激光,从而提高路径识别的分辨率。

6.4.4　电机驱动电路

根据电机学和电力拖动理论,电机驱动器要有足够的电流输出能力来保证驱动力的充足。而电机驱动器本身除了要可靠工作,还需要有一定的热载荷能力,且有过流、过压、过热和短路保护。同时驱动器在工作时还应保证效率,即自身不会将大量电流消耗成为热量。

本课题的电机型号为 RS540,其额定电压为 7.2 V,空载电流为 2.4 A,转速可达 23 400 r/min;当电机转速在 19 740 r/min 时,工作效率最高,转矩达到了 30.6 mN·m,功率输出为 63.2 W。

在任一电路中,电机往往是功耗最大的器件,对其驱动电路的设计应做到高效、安全、可靠。电机驱动电路设计中,可以使用大功率晶体管直接驱动,只要调整基极的电流就可以调整电机的转速,属于模拟调整。当晶体管在不饱和时,功耗非常大,发热量很大,效率很低。或者可以使用半桥或全桥连接电机驱动芯片,在程序上使用 PWM(脉冲宽度调制)模块驱动。PWM 控制中,利用不同的占空比来控制电机的转速,使功率器件工作在开关状态,其效率很高,损耗主要存在于功率器件的饱和压降,一般在零点几伏以下。电机驱动芯片有 MC33886、L298N、BST7970 等。

图 6 - 14 中所示为一个典型的直流电机控制电路示意图,因其像字母 H 而称为"H 桥驱动电路"。要使电机运转,必须导通电机对角线上的一对三极管。当 Q1 和 Q4 导通时,电流就从电源正极经 Q1 从左至右穿过电机,然后再经 Q4 回到电源负极,该流向的电流将驱动电机顺时针转动。反之,当另一对三极管 Q2 和 Q3 导通时,电流将从右至左流过电机,从而驱动电机逆时针转动。当然,在实际电路

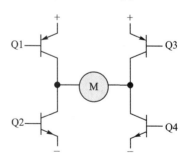

图 6 - 14　H 桥驱动电路示意图

中,需要用硬件电路对三极管的开关实现逻辑控制。

在具体设计时,还应考虑电机是单向转动还是双向转动,是否需要调速等问题。对于单向的电机驱动,只要用一个大功率三极管或场效应管甚至继电器直接带动电机即可,当电机需要双向转动时,就需要如上的 H 桥电路。如果无需调速,只要使用继电器即可;但如果需要调速,就需要使用三极管、场效应管等开关元件实现 PWM 调速。

本方案采用 BST7970 完成全桥控制。电路原理图如图 6-15 所示,其中芯片的 IN 引脚接单片机的 PWM 模块,OUT 引脚分别接入电机的两端。

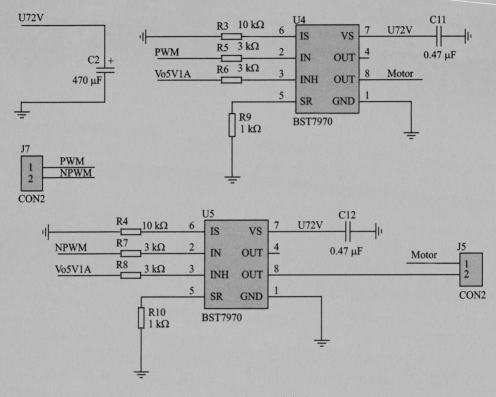

图 6-15　电机驱动电路

6.4.5　车速检测模块

为了使智能车在行驶弯道等复杂赛道时能够降速,需要测出当前车速并进行控制。测速传感器根据所用的传感器不同分为转角编码器、光电编码器、霍尔传感器等。其中转角编码器通过测量单位周期内脉冲个数从而得到脉冲频率,而其输出的脉冲频率正比于转速。转角编码器又分为绝对式和增量式两种。光电编码器通过安装在码盘侧面的反射式红外传感器来读取光码盘的转动脉冲。霍尔传感器通过在后轮轮毂上粘贴 1 个或者 2 个小型的永磁体,利用霍尔传感器形成开关脉冲信号,当后轮电机每转 1 周时,可以产生 1 个或者 2 个脉冲信号,但此种方式精度较前两种较低。编码器的三个种类如图 6-16 所示。

本方案中,采用 OMRON E6A2-CW3C 增量式光电旋转编码器。

1. 增量式光电编码器原理及其结构

增量式光电编码器主要由光源、码盘、检测光栅、光电检测器件和转换电路组成,如图 6-17 所示。码盘上刻有节距相等的辐射状透光缝隙,相邻两个透光缝隙之间

(a) 旋转编码器

(b) 光电编码器

(c) 霍尔传感器

图 6 - 16　编码器的三个种类

代表一个增量周期;检测光栅上刻有 A、B 两组与码盘相对应的透光缝隙,用来通过或阻挡光源和光电检测器件之间的光线。它们的节距和码盘上的节距相等,并且两组透光缝隙错开 1/4 节距,使得光电检测器件输出的信号在相位上相差 90°电度角。当码盘随着被测转轴转动时,检测光栅不动,光线透过码盘和检测光栅上的透过缝隙照射到光电检测器件上,光电检测器件就输出两组相位相差 90°的近似于正弦波的电信号,电信号经过转换电路的信号处理,可以得到被测轴的转角或速度信息。

增量式光电编码器输出信号波形如图 6 - 18 所示。一般来说,增量式光电编码器输出 A、B 两相互差 90°,从而可判断出旋转方向。同时还有用作参考零位的 Z 相标志(指示)脉冲信号,码盘每旋转一周,只发出一个标志信号。

图 6 - 17　光电旋转编码器的组成

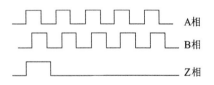

图 6 - 18　光电旋转编码器的输出信号

2. 主要技术参数

(1) 分辨率

光电编码器的分辨率是以编码器轴转动一周所产生的输出信号基本周期数来表示的,即脉冲数/转(PPR)。码盘上的透光缝隙的数目就等于编码器的分辨率,码盘上刻的缝隙越多,编码器的分辨率就越高。在工业电气传动中,根据不同的应用对象,可选择分辨率通常在 500～6 000 PPR 的增量式光电编码器,最高可达几万 PPR。

(2) 精　度

增量式光电编码器的精度与分辨率是两个完全不同的概念。精度是一种度量在所选定的分辨率范围内,确定任一脉冲相对另一脉冲位置的能力。精度通常用角度、角分或角秒来表示。编码器的精度与码盘透光缝隙的加工质量、码盘的机械旋转情况的制造精度因素有关,也与安装技术有关。

（3）响应频率

编码器输出的响应频率取决于光电检测器件、电子处理线路的响应速度。当编码器高速旋转时，如果其分辨率很高，那么编码器输出的信号频率将会很高。如果光电检测器件和电子线路元器件的工作速度与之不能相适应，就有可能使输出波形严重畸变，甚至产生丢失脉冲的现象。这样输出信号就不能准确地反映轴的位置信息。所以，每一种编码器在其分辨率一定的情况下，它的最高转速也是一定的，即它的响应频率是受限制的。编码器的最大响应频率、分辨率和最高转速之间的关系如下式所示。

$$f_{\max} = \frac{R_{\max} \times N}{60} \tag{6-1}$$

式中：$f_{\max}$ 为最大响应频率；$R_{\max}$ 为最高转速；N 为分辨率。

3. 电路原理图

编码器的输出脉冲信号可以利用单片机 I/O 端口输入到单片机内部的定时器/计数器模块中进行测量。通过周期读取计数器的计数值来得到车速信息。因此将编码器输出信号进入单片机 PT 模块。另外，根据该型号编码器要求，还需将输出信号外接一个 $4.7 \sim 10 \text{ k}\Omega$ 的上拉电阻。

如上所述，如果只需单方向计数，则只需接 A 相或 B 相即可，如图 6-18（a）所示。如果需要测出编码器的旋转方向，则还需接一片 74HC74 双 D 触发器用来判断编码器的旋转方向，使得对汽车行驶前后方向做出判断和控制。

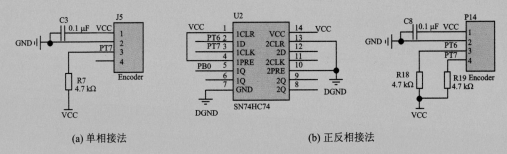

(a) 单相接法　　　　　　　　　　　　　　　(b) 正反相接法

图 6-19　编码器的电路原理图

6.4.6　舵机控制模块

1. 舵机的结构

舵机本身是一个位置随动系统。它是由舵盘、减速齿轮组、位置反馈电位计、直流电机和控制电路组成的，如图 6-20 所示。舵机接受一个简单的控制指令就可以自动转动到一个比较精确的角度，所以非常适合在关节型机器人产品使用。仿人型机器人就是舵机运用的最高境界。

2. 舵机的工作原理

根据控制方式，舵机应该称为微型伺服马达，具体的控制原理如图 6-21 所示。控制电路接收控制脉冲，并驱动电机转动；齿轮组将电机的转速成倍缩小，并将电机

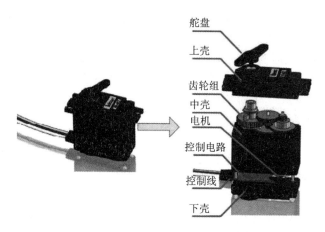

图 6 - 20　舵机的结构组成

的输出扭矩放大,然后输出;电位器和齿轮组的末级一起转动,测量舵机轴转动角度;
电路板检测并根据电位器判断舵机转动角度,然后控制舵机转动或保持在目标角度。

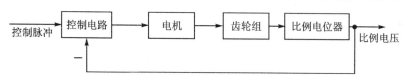

图 6 - 21　舵机的控制原理框图

　　模拟舵机需要由外部提供脉宽调制信号来告诉舵机转动角度,脉冲宽度是舵机
控制器所需的编码信息。舵机的控制脉冲周期为 20 ms,脉宽范围为 0.5～2.5 ms,
分别对应 $-90°$～$+90°$ 的位置,如图 6 - 22 所示。

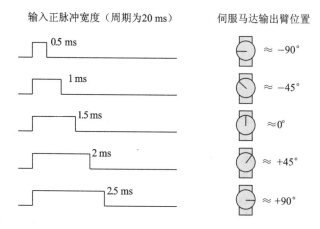

图 6 - 22　舵机的脉宽与角度对应关系

　　当舵机收到如图 6 - 22 所示的脉宽信号后,会马上产生一个与之相同的、宽度为
1.5 ms 的负向标准的中位脉冲。两个脉冲在一个加法器中进行相加得到差值脉冲。

输入信号脉冲如果宽于负向的标准脉冲,得到的就是正的差值脉冲,反之就是负的差值脉冲。此差值脉冲放大后就是驱动舵机正反转动的动力信号。舵机电机的转动,通过齿轮组减速后,同时驱动转盘和标准脉冲宽度调节电位器转动。直到标准脉冲与输入脉冲宽度完全相同时,差值脉冲消失时才会停止转动。因此,可以看出,伺服舵机的控制本身实际是一个闭环控制。

3. 舵机的技术参数

(1) 转　速

转速由舵机无负载的情况下转过 60°所需的时间来衡量。常见的舵机速度一般在 0.11～0.21 s/60°。本方案中用的 S-D5 舵机转速为 0.14 s/60°。

(2) 转　矩

舵机扭矩为舵盘上距舵机轴中心水平距离 1 cm 处,舵机能带动的物理重量,单位为 kg·cm。S-D5 舵机转矩为 5.0 kg·cm。

(3) 电　压

舵机的工作电压对性能有重大影响,在额定电压的前提下,较高的电压可以提高电机的速度和扭矩。S-D5 舵机的工作电压为 4.5～5.5 V。

4. 数码舵机与模拟舵机

模拟舵机称之为模拟,是由于其控制电路是由功放电路组成的电桥电路。数码舵机称为数码是由于其控制电路是由 MCU 微控制器担当的。

模拟舵机由于使用模拟器件搭建其控制电路,电路的反馈和位置伺服是基于电位器的比例调节方式。而电位器由于其自身线性度、精度等问题,会导致控制效果的精度不够,甚至产生抖舵现象。因此对于精度要求较高的仿人机器人可以使用数码舵机。

另外,模拟舵机的调节周期是 20 ms,即反应时间是 20 ms。假设舵机速度为 0.14 s/60°,这就意味着每 20 ms 周期要转过 8.5°才会进行调节。而数码舵机可以以很高的频率进行调节,使得调整的周期和角度都非常小,且不会出现超调。当然,以较高的频率去修正舵机里的电机,也就意味着要消耗更多的动力,且加大电机消耗易使其寿命较短。

5. 舵机的电路接法

舵机接口一般采用三线连接方式,黑线为电源地线,红线为电源线,另外一根连线为控制信号线,如图 6-7 所示。舵机的控制信号连接到单片机的 PWM 模块,如图 6-23 所示。为提高舵机的精度,加大 PWM 信号控制范围,可以将 2 个 8 位 PWM 信号寄存器合并作为一个 16 位的寄存器进行输出。

图 6-23　转向伺服电机控制电路

6.4.7　电路制作

综上,其电路原理图及 PCB 布局图如图 6-24～图 6-30 所示。

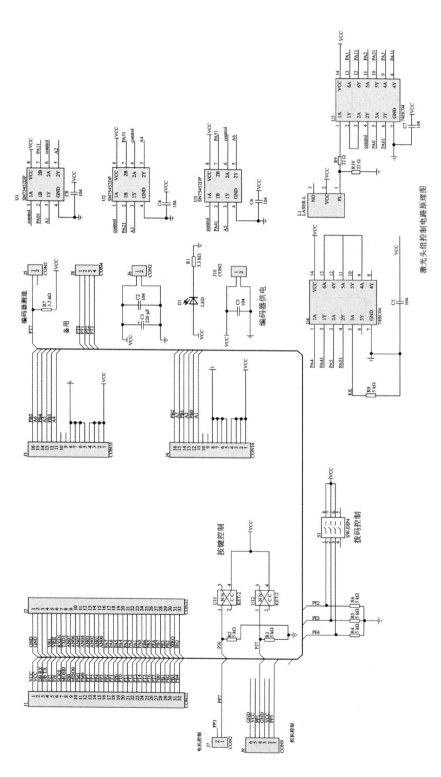

图6-24　单片机板电路

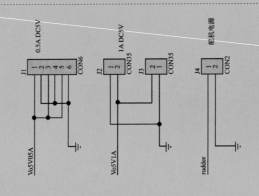

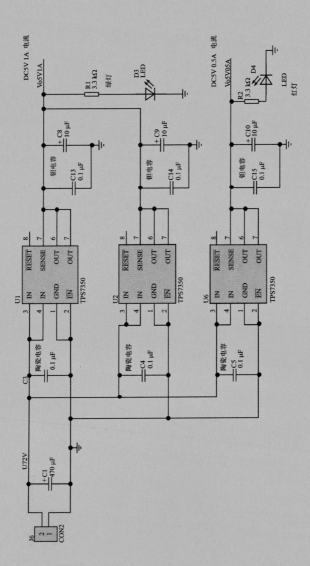

图6-25　电源电路

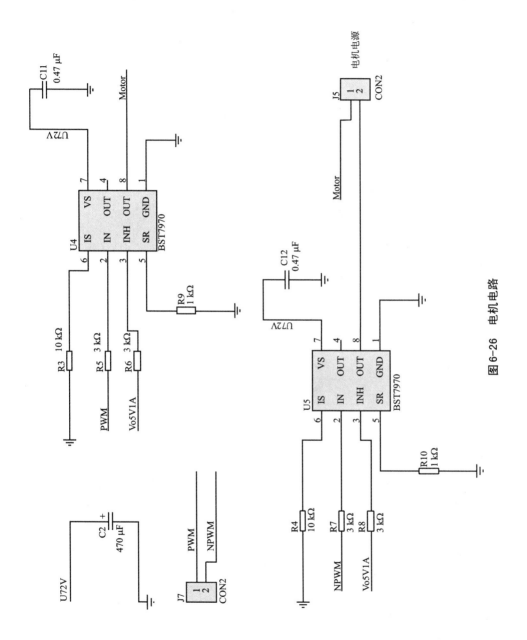

图 6-26　电机电路

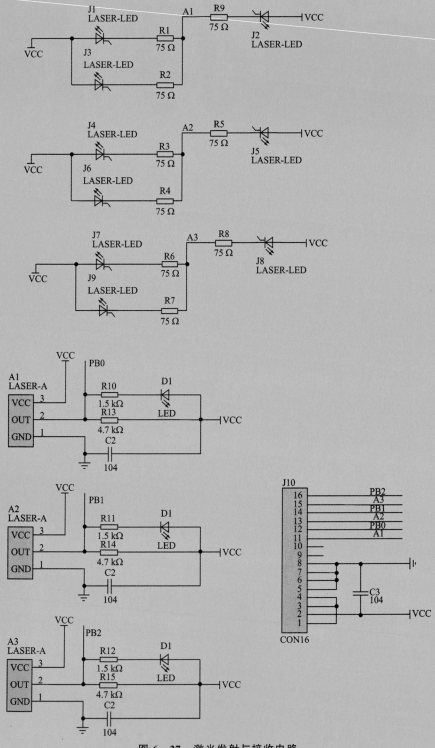

图 6 - 27　激光发射与接收电路

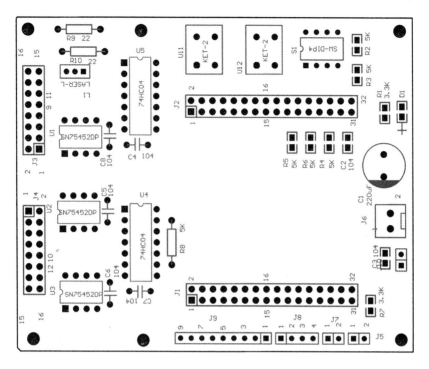

图 6-28　单片机 PCB 板

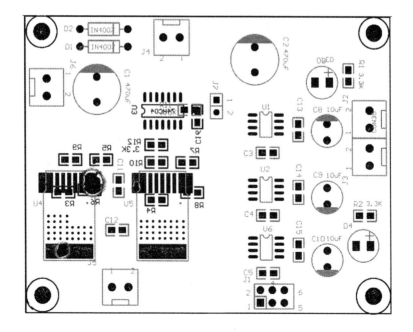

图 6-29　电机控制与电源 PCB 板

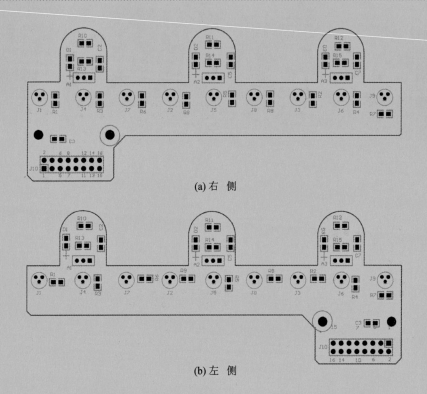

(a) 右 侧

(b) 左 侧

图 6 - 30　激光头发射与接收 PCB 板

6.5　软件设计

在智能车控制系统光电管方案的软件设计中,程序的主流程是:先完成单片机初始化(包括 I/O 模块、PWM 模块、计时器模块、定时中断模块初始化)之后,在主程序中执行路径检测程序、数据处理程序、控制算法程序、舵机输出及驱动电机输出程序。其中,定时中断用于检测小车当前速度,作为小车速度闭环控制的反馈信号。

主程序流程图如图 6 - 31 所示。

6.5.1　初始化子程序

初始化算法主要包括锁相环初始化、I/O 端口初始化、脉冲宽度调制(PWM)初始化、定时中断初始化、脉冲累加初始化以及各变量和常量初始化。

(1) 锁相环初始化

锁相环即 PLL(Phase Locked Loop)技术,它是单片机内部的一种反馈控制电路,可以利用外部输入的参考信号控制环路内部振荡信号的频率和相位。单片机使用 PLL 能获得更高的总线频率,对于需要提高单片机运行速度的应用场合非常必要。以下代码通过锁相环将单片机的频率设置为 40 MHz(外部晶振为 16 MHz)。

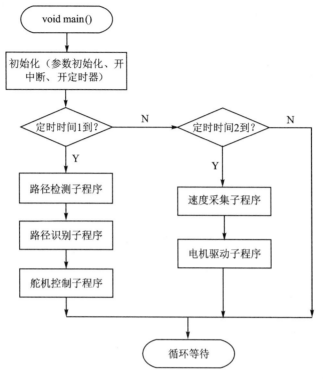

图 6 - 31　主程序流程图

```
void PLL_Init(void)
{
    CLKSEL = 0x00;              //不使能锁相环时钟
    PLLCTL_PLLON = 1;           //锁相环电路允许
    SYNR = 0Xc0 | 0X04;         //VCO_clock = 2 * osc_clock * (1 + SYNR)/(1 + REFDV) = 80 MHz
    REFDV = 0X80 | 0X01;
    _asm(nop);                  //短暂延时,等待时钟频率稳定
    _asm(nop);
    while(! (CRGFLG_LOCK == 1));    //时钟频率已稳定,fBUS = fPLL/2
    CLKSEL_PLLSEL = 1;
}
```

（2）端口初始化

对数据的输入输出引脚进行初始化。

```
void PORT_Init(void)
{
    DDRB = 0x00;                    //定义 B 口为输入
    DDRA = 0xff;                    //定义 A 口为输出
    PORTA = 0xff;
}
```

（3）中断定时器初始化

周期性中断定时器 PIT（Periodic Interrupt Timer）模块是一组 24 位的定时器，由 8 位微定时器和 16 位定时器共同组成。

在智能车中，往往需要测量车体速度。这时一般的方案是采用 PIT 产生中断定时，利用下面的 TIM 模块的脉冲累加功能实现计数。本方案中使用 PIT 实现 10 ms 定时中断，其中，PITMTLD 设置为 16，PITLD 设置为 25 000。10 ms 定时中断用于采集路径信息，并在中断中计数 2 次，即 20ms 定时中断用于测速。

```
void PIT_Init(void)
{
    PITCFLMT_PITE = 0;        //关 PIT 使能
    PITCE_PCE0 = 1;           //通道 0 使能
    PITMUX_PMUX0 = 0;         //通道 0 接微时钟 0
    PITMTLD0 = PITMTLD - 1;
    PITLD0 = PITLD - 1;       //time-out period = (PITMTLD0 + 1) * (PITLD0 + 1) / fBUS
                              //设置 10 ms
    PITINTE_PINTE0 = 1;       //通道 0 中断时能
    PITCFLMT_PITE = 1;        //PIT 使能
}
```

（4）脉冲累加（定时器）初始化

定时器模块 TIM（Timer Module，TIM）也可以产生周期定时中断，但其在实际应用中更多地作为 16 位的输入捕捉（Input Capture，IC）、输出比较（Output Compare，OC）和 16 位的脉冲累加器（Pulse Accumulatro，PA）使用。

这里使用 TIM 的脉冲累加功能作为智能车系统的速度测量。当系统速度反馈信号为脉冲时，只要测得智能车在一个控制周期内（或固定时间）的脉冲数，即可计算出智能车的运行速度。

```
voidPAC_Init(void)
{
    PACTL_PAEN = 0;    //禁止脉冲累加器使能
    PACNT = 0;         //脉冲累加寄存器清 0
    PACTL_PAMOD = 0;   //事件计数模式
    PACTL_PEDGE = 1;   //上升沿触发
    PACTL_PAEN = 1;    //使能脉冲累加器
}
```

（5）PWM 初始化

脉冲宽度调试 PWM（Pulse Width Modulation）可以产生精确脉冲序列输出，被广泛应用于工业控制及机电产品中。PWM 信号通过软件编程调节波形的占空比、周期、相位，能够用于直流电机调速、伺服电动机控制等。

　　PWM 初始化主要包括以下 6 个步骤：禁止 PWM；选择时钟；选择极性；选择对其模式；对占空比和周期编程。在下面代码中，初始化了 3 个 16 位的 PWM 通道。其中通道 3、通道 7 用于控制电机；通道 5 用于控制舵机，控制周期为 20ms。初始时，舵机占空比需要经过调试，使得舵机处于中值位置。

```
void PWM_Init(void)
{
    PWME = 0x00;            //关闭 PWM 使能
    PWMPRCLK = 0x33;        //A、B 时钟均为总线 8 分频,5 MHz
    PWMSCLA = 0x05;         //clockSA = clockA/(2 * PWMSCLA) = 5/10 = 0.5 MHz
    PWMSCLB = 0x19;         //clockSB = clockB/(2 * PWMSCLB) = 5/25 = 0.2 MHz
    PWMCLK = 0xff;          //通道 1、5 选择 SA 作为时钟源，通道 3、7 选择 SB

    PWMPOL = 0xff;          //PWM 输出起始电平为高电平
    PWMCAE = 0x00;          //输出左对齐
    PWMCTL = 0xff;          //4 个 PWM 级联

    PWMCNT01 = 0;           //复位
    PWMCNT23 = 0;
    PWMCNT45 = 0;
    PWMCNT67 = 0;

    PWMPER01 = 10000;       //SA/10 000 = 50,1/50 = 20 ms
    PWMDTY01 = 0;

    PWMPER23 = 1000;        //SB/1 000 = 200
    PWMDTY23 = 1340;        //1340

    PWMPER45 = 10000;       //SA/10 000 = 50,1/50 = 20 ms
    PWMDTY45 = 1500;        //约为舵机中值

    PWMPER67 = 1000;        //SB/1 000 = 200
    PWMDTY67 = 45;

    PWME = 0xff;            //使能 PWM
}
```

6.5.2　路径识别子程序

　　如上所述，采用定时中断的方式，每 10 ms 一个中断，读取并识别路径信息，而后根据路径信息调用舵机控制程序调整方向，调用电机控制程序调整速度。

由于是三发一接的模式,因此如果需要读取所有的激光头的反射信息,需要三轮的读取操作,并且将读取信息根据激光头排列依次存入相应的存储位置后,而后根据所得的信息提取黑线,如表6-1所列。

表6-1　三组激光头采集数据记录表格

轮　　次		PB0	PB1	PB2	PB3	PB4	PB5
第一轮读取	存储数组	a[1]	a[4]	a[7]	a[19]	a[16]	a[13]
	黑线记录	-2^0	-2^3	-2^6	2^8	2^5	2^2
第二轮读取	存储数组	a[2]	a[5]	a[8]	a[18]	a[15]	a[12]
	黑线记录	-2^1	-2^4	-2^7	2^7	2^4	2^1
第三轮读取	存储数组	a[3]	a[6]	a[9]	a[17]	a[14]	a[11]
	黑线记录	-2^2	-2^5	-2^8	2^6	2^3	2^0

如图6-32所示,每10 ms一个中断用来读取一轮激光头信息,并将信息存储在相应数组空间里,30 ms后一排共18个激光头的信息即被存储在数组a[1]～a[9],a[11]～a[19],且当为黑线信息时,赋值$\pm 2^n$用来区别不同位置的黑线信息。

之后,在主程序中可调用黑线提取子程序。先分左右侧,如左侧有标记,则表示黑线在左侧;若右侧有标志,则表示黑线在右侧;而后在左右侧分区段讨论黑线位置。例如,如果记录的黑线信息并未出现,此时意味在直道部分;如果记录的黑线信息出现在-2^3～-2^5且右侧区域无黑线,此时意味着赛道开始右弯,需要给控制舵机的PWM寄存器赋值并调用舵机PID子程序,使舵机相应右摆。可以看出,在此段程序编写中,区段越细化,则分辨率越高。

6.5.3　路径处理子程序

通过上述的路径识别,先区分是直道还是弯道。传感器布局时,当车为正中时,激光头都打在白色赛道上,全部返回为1,此时左右侧标志位 left 和 right 均为零。当出现左弯时,而此时舵机转角不变的话,置位右侧标志位 right;反之,置位左侧标志位 left。示意图如图6-33所示。

同时,根据上述表6-1中18个数组单元的值区分其转弯的程度。这种"程度"需要在实际调试中尽量匹配曲线的曲率。另外,由于赛道是两边黑线中间是较多白色区域,因此其数组区间的划分可以两端密,中间稀,从而提高程序运算效率。其流程图如图6-34所示。

1. 思路一:由遇弯圆心角控制舵机摆角

图6-35为激光投射侧视图。当智能车安装就位后,测出激光传感器安装位置的倾角为θ,投射路径长度为l,转向轴至投射点处的距离为R,从而可以算出D值。

图6-36为激光头投射在道路上的俯视平面图。根据表6-1,不同的激光头通过不同赋值加以区别。在图中,此时左侧灯打到黑线区域,表示前方为右弯。根据算

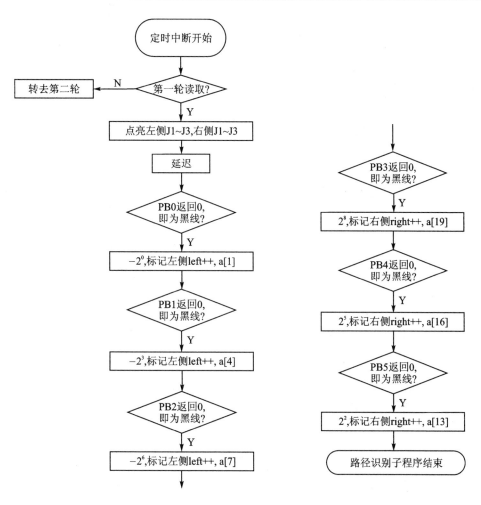

图 6 - 32　激光路径识别算法流程图

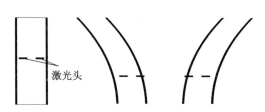

图 6 - 33　直弯道与激光头示意图

法及参数的调试,可以取打到左侧黑线的最右侧的激光头为准,赛道的中心线往右偏移 d 个距离。由弧长和圆心角公式,$\alpha = \dfrac{l_{rad}}{R}$,可以算出现在舵机需要摆动的角度。其中 l_{rad} 为圆心角 α 对应的弧长。又经过每三次定时扫描,α 为很小的角度,因此有

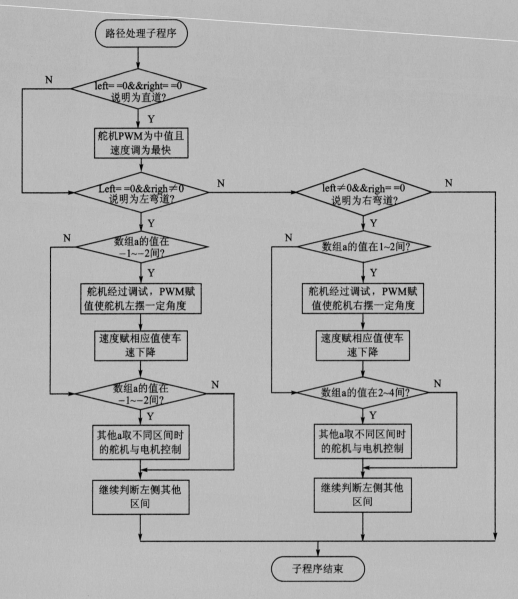

图 6 - 34 路径处理算法流程图

$$\alpha = \frac{d}{R} \qquad (6-2)$$

根据 6.4.6 小节中舵机摆角与周期关系,由算得的 α 角即可得到此时舵机应该赋予的 PWM 值。本思路简单直观,但是需要对所有可能遇到的道路信息,都要精确地测算出 α,即程序的适应性较差。

2. 思路二:由赛道中心线与当前位置中心线的偏差进行 PD 控制

该思路中,由赛道中心线与当前位置的中心线间的偏差来代替角度进行 PD 控

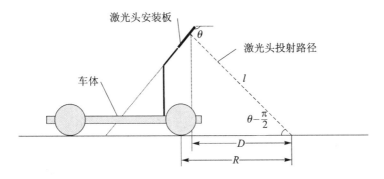

图 6 - 35　激光头投射侧视图

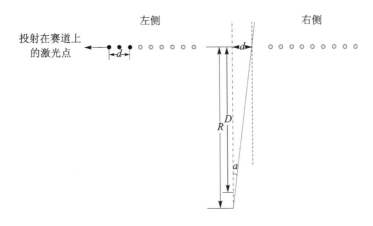

图 6 - 36　激光头投射俯视平面图

制。在图 6 - 36 中,偏差即为 d。对该偏差量的大小采用比例系数控制舵机转向。微分控制中,可以通过存储连续 30 次采样所得到的黑线位置,计算出相应的黑线位置变化率,进而根据这个变化率的大小来调整微分系数,以控制舵机转向。当然对它也可采用增量式算法。

该思路在实际调试中最为常用,但是对于 PD 参数的整定需要进行大量调试。其具体程序可参考 6.5.4 小节。另外,从图 6 - 35 中,也可以看出前瞻与转向的矛盾关系,前瞻 D 越大,意味着 R 也越大,则 α 越小。实际此型号舵机在控制时,线性度并没有很高,即舵机对过小的摆角并不能很好地识别。

在本小节的讨论中,仅仅考虑了基本的直道、弯道,其他道路信息处理请读者自行设计。

6.5.4　舵机控制子程序

为了使小车一直沿着黑色引导线行驶,基本的方法是:直道时,舵机打正;弯道时,舵机打相应角度,弯道曲率越大,舵机摆角越大;十字交叉线时,维持进入前的角度和速度。除此以外,对舵机摆角采用 PD 控制。关于数字 PID 控制的原理第 5 章已有介绍,这里给出源程序语句给读者作为参考。

```
/*舵机 PID 结构体定义*/
struct SPID
{
    signed int Ref1,FeedBack1,PreError1,PreDerror1,PreU1;
    float Kp1,Ki1,Kd1;
}SteerEngPID;
/*舵机 PID 各变量赋初值*/
void SteerEngPIDInit (void)
{
    SteerEngPID.Ref1 = SteerEngSet ;            //期望的舵机摆角
    SteerEngPID.FeedBack1 = SteerEngPraAng;     //角度反馈值,由路径识别
    SteerEngPID.PreError1 = 0;                  //前一次,角度误差 Ref - FeedBack
    SteerEngPID.PreDerror1 = 0;                 //前一次,角度误差之差,d_error - PreDerror
    SteerEngPID.Kp1 = SteerEngKP;
    SteerEngPID.Ki1 = 0;
    SteerEngPID.Kd1 = SteerEngKD;
    SteerEngPID.PreU1 = 0 ;                     //舵机控制输出值
}
/*舵机增量 PD 控制运算*/
unsigned int SteerEngPIDCalc()
{
    signed int error1;
    signed int d_error1;
    signed int dd_error1;
    error1 = (signed int)( SteerEngPID.Ref1 - SteerEngPID.FeedBack1);
                                                             //偏差计算
    d_error1 = error1 - SteerEngPID.PreError1;
    dd_error1 = d_error1 - SteerEngPID.PreDerror1;
    SteerEngPID.PreError1 = error1;            //存储当前偏差
    SteerEngPID.PreDerror1 = d_error1;
    if(( error1 < SteerEngDeadLine ) && ( error1 > - SteerEngDeadLine ))
                                                             //设置调节死区
    {
        //do nothing
    }
    else     //舵机偏转 PID 计算
    {
    SteerEngPID.PreU1 = SteerEngPID.FeedBack1 + SteerEngPID.Kp1 * d_error1 + Ser-
voPID.Ki1 * error1 + ServoPID.Kd1 * dd_error1;
        //控制输出
```

```
    if(ServoPID.PreU1 >= ServoMAX )          //舵机 PID,防止调节最高溢出
    {
        ServoPID.PreU1 = ServoMAX;
    }
    else if( ServoPID.PreU1 <= ServoMIN )    //舵机 PID,防止调节最低溢出
    {
        ServoPID.PreU1 = ServoMIN;
    }
    return(ServoPID.PreU1);
    }
}
```

6.5.5　速度控制子程序

为使小车能够实现竞速的能力,其基本原则是使小车在直道上以最快的速度行驶;在进入弯道的过程中尽快减速,并在弯道中保持恒速。从弯道进入直道时,速度应该立即得到提升,直至以最大的速度行进。因此,为了实现不同的速度以适应不同的赛道,需要对小车采取车速 PID 控制。

这里,速度的设定值为遇到不同道路信息时,其相应速度的幅值;速度反馈值为编码器的测量值。

在编码器测速中,首先在安装时需要将编码器的转动齿轮和后轮的旋转齿轮严格啮合,如图 6-8 所示,并其计算其传动比。一般对于啮合运动,传动比可以用两轮齿数 $c_e : c_r$ 来表示。其中 c_e 为编码器转动齿轮齿数,c_r 为后轮转动齿轮齿数。假设在一定的时间 T 内采样得到编码器的脉冲数 n,则一个脉冲对应的时间为 $c_r T / c_e n$,一个脉冲对应的长度为 $\pi d / \alpha$。因此车速的计算公式为

$$v = \frac{c_e \pi d n}{c_r \alpha T} \tag{6-3}$$

式中:d 为小车后轮直径;α 为编码器线数。

```
/* 速度 PID 结构体定义 */
struct MPID
{
    signed int Ref,FeedBack,PreError,PreDerror,PreU;
    float   Kp,Ki,Kd;
}SpeedPID;
/* 速度 PID 各变量赋初值 */
void SpeedPIDInit (void)
{
    SpeedPID.Ref = SpeSet;              //速度设定值
    SpeedPID.FeedBack = pulse_count;   //速度反馈值
```

```
      SpeedPID. PreError = 0;                      //前一次,速度误差 Ref － FeedBack
      SpeedPID. PreDerror = 0;                     //前一次,速度误差之差,d_error－PreDerror
      SpeedPID. Kp = SpeedKP;
      SpeedPID. Ki = SpeedKI;
      SpeedPID. Kd = SpeedKD;
      SpeedPID. PreU = 0 ;                         //电机控制输出值
   }
 unsigned int SpeedPIDCalc()
 {
      signed int error;
      signed int d_error;
      signed int dd_error;
      error = (signed int)(SpeedPID. Ref － SpeedPID. FeedBack);     //偏差计算
      d_error = error － SpeedPID. PreError;
      dd_error = d_error － SpeedPID. PreDerror;
      SpeedPID. PreError = error;                                   //存储当前偏差
      SpeedPID. PreDerror = d_error;
      if(( error ＜ SpeedDeadLine ) && ( error ＞ － SpeedDeadLine ))//设置调节死区
      {
          //do nothing
      }
      else      //速度 PID 计算
      {
      SpeedPID. PreU + = (signed int)(SpeedPID. Kp * d_error + SpeedPID. Ki * error + SpeedPID. Kd
* dd_error);
      }
      //控制输出
      if(SpeedPID. PreU ＞ = SpeedMAX )                    //速度 PID,防止调节最高溢出
      {
          SpeedPID. PreU = SpeedMAX;
      }
      else if( SpeedPID. PreU ＜ = SpeedMIN )              //速度 PID,防止调节最低溢出
      {
          SpeedPID. PreU = SpeedMIN;
      }
      return (SpeedPID. PreU);
  }
```

6.6　课后思考

① 根据软硬件分组,完成整套系统设计。

② 使用 PID 控制算法完成系统的方向控制与速度控制。

③ 在此系统的设计实现中,软件调试往往占据了较多的工作量,因此有个好的调试工具可以起到事半功倍的效果。任使用一种软件(Labview/VC 等),编制一个上位机调试软件。

④ 文中对于路径处理算法仅仅提到了直道和弯道,在实际中,往往有丰富的道路信息,如图 6 - 37 所示。在能完成简单道路的情况下,增加道路信息,给出算法设计。

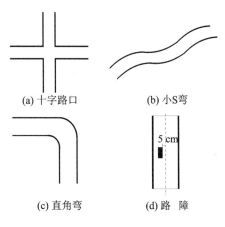

(a) 十字路口　　　　(b) 小S弯

(c) 直角弯　　　　(d) 路障

图 6 - 37　其他道路信息

参考文献

[1] 胡寿松.自动控制原理[M].6 版.北京:科学出版社,2013.

[2] 吴怀宇,程磊.大学生智能汽车设计基础与时间[M].北京:电子工业出版社,2008.

[3] 蔡述庭."飞思卡尔"杯智能汽车竞赛设计与实践——基于 S12XS 和 Kinetis K10[M].北京:北京航空航天大学出版社,2012.

[4] 张阳.MC9S12XS 单片机原理及嵌入式系统开发[M].北京:电子工业出版社,2011.

[5] 隋金雪,杨莉,张岩."飞思卡尔"杯智能汽车设计与实例教程[M].北京:电子工业出版社,2014.

[6] 谷树忠,侯丽华,姜航.Protel 2004 实用教程——原理图与 PCB 设计[M].北京:电子工业出版社,2008.

[7] 王玲玲,孙艳丽,王康.基于激光传感器的路径识别算法与实现[J].电子设计工程,2016,2:26-28.

第7章 基于摄像头传感器的
自主循迹智能车设计

7.1 设计要求

① 使用 51 系列、飞思卡尔 16 位控制器系列、32 位 Kinetis 系列单片机完成系统设计。

② 车模采用四轮,运行方向不限。

③ 赛道路面为白色 KT 基板,赛道宽度不小于 45 cm。赛道两边有黑色线,黑线宽(25±5)mm,沿着赛道边缘粘贴。赛道与赛道的中心线之间的距离不小于 60 cm。

④ 路径识别采用二维摄像头传感器。

⑤ 完成车体的机械设计、电路设计、软件编程,使车体能够自主识别路径并完成行驶,可以通过弯道、十字路口等一些基本赛道元素。

7.2 任务分析

本章课题与上一章类似,只是采取了不同的车模、舵机型号,并将路径识别换成二维摄像头。其他原理性分析参见 6.2 节。

7.3 机械设计

在智能车机械系统中,基本部件如图 7-1 所示,需要将如下部件合理地分配在车模里。设计及安装的主要原则即使得车体的整体布局合理、简洁且有最佳的机械性能。

智能车的机械性能分析参见前文 6.3 节。

7.3.1 摄像头传感器的基本知识

1. 摄像头的基本组成

简单来说,如图 7-2 所示,摄像头主要由镜头、图像传感器、PCB、DSP(Digital Signal Processing)芯片组成。其中,镜头的组成是透镜结构,由几片透镜构成。图像传感器是摄像头的核心部件,分为 CCD(Charge Couple Device)传感器和 CMOS

(a) 车　模

(b) 舵　机

(c) 编码器

(d) 电　池

(e) 摄像头传感器

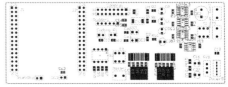

(f) 电路板图

图 7 - 1　智能车的基本组成

(Complementary Metal Oxide Semiconductor)传感器。PCB 存放与摄像头相关的形成电路、转换电路等。DSP 芯片作为一款数字信号处理芯片,负责对数字图像信号参数进行优化处理,并把处理好的信号传给 PC 等设备。当然,这里为了加深对数字图像处理的能力,建议读者可以自行设计此部分电路。

2. 摄像头的基本原理

通过图 7 - 3 可知,当被摄物体反射光线,传播到镜头时,经镜头聚焦到图像传感器上(CCD 或 CMOS),图像传感器根据光的强弱积聚相应的电荷,经周期性放电,产生代表一幅幅画面的电信号,经过模/数转换为数字图像信号,再送入单片机中进行加工处理。

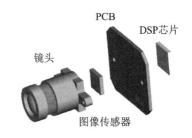

图 7 - 2　摄像头基本组成简图

3. CCD 与 CMOS

图像传感器是摄像头的核心部件,又称为成像器件或摄像器件,可实现可见光、紫外线、X 射线、近红外光等光线的探测。图像传感器普遍采用 CCD 或 COMS 这两种器件。

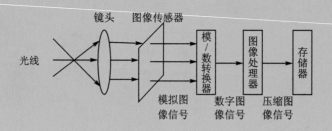

图 7-3　摄像头基本原理示意图

这二者都是利用感光二极管进行光电转换,将图像转换为数据的。CCD 采用连续扫描方式,即等到最后一个像素扫描完成后才进行放大;CMOS 传感器的每个像素都有一个将电荷放大为电信号的转换器。造成这种差异的原因是 CCD 的特殊工艺可以保证数据在传送时不会失真,因此各个像素的数据可汇聚至边缘再进行放大处理;而 CMOS 工艺的数据在传送距离较长时会产生噪声,因此必须先放大,再整合各个像素的数据。总之,CCD 传感器在灵敏度、分辨率、噪声控制等方面都优于CMOS 传感器,而 CMOS 传感器则具有低成本、低功耗及高整合度的特点。

在本课题中,考虑到供电为 7.2 V 电池,而 CCD 一般需要 12 V 供电,为了降低供电电路的复杂性,考虑使用 CMOS 摄像头。在 CMOS 摄像头中,又分为数字和模拟两种,区别在于前者可以直接将信号连接到单片机,后者则需要在接入单片机之前加 A/D 转换芯片。考虑到减少单片机对 A/D 转换的编程,采用 OV7620 数字摄像头作为采集路径信息的传感器。

4. 摄像头的采样原理

摄像头一般以逐行扫描或隔行扫描的方式采样图像。所谓逐行扫描,即摄像头的像素自左向右、自上而下,一行一行扫描输出;而隔行扫描,就是将图像分成奇场和偶场这两场进行传送。其中奇数场传送奇数行,偶数场传送偶数行。

如果采用 OV7620,则其采样是按隔行扫描的方式进行的,当扫描到某点时,就通过图像传感芯片将该点处图像的灰度转换成与灰度一一对应的电压值,然后将此电压值通过视频信号端输出。如图 7-4 所示,摄像头连续地扫描图像上的一行后,就输出一段连续的视频信号,该电压信号的高低起伏正反映了该行图像的灰度变化情况。当扫描完一行后,视频信号端就输出一个低于最低视频信号电压的电平(如 0.3 V),并保持一段时间。这样相当于紧接着每行图像对应的电压信号之后会有一个电压"凹槽",此"凹槽"叫做行同步脉冲,它是扫描换行的标志。然后扫描新的一行,如此下去,直到扫描完该场的信号,接着会出现一段场消隐信号。其中有若干个复合消隐脉冲,在这些消隐脉冲中,有一个消隐脉冲远宽于其他的消隐脉冲,该消隐脉冲又称为场同步脉冲,它是扫描换场的标志,标志着新的一场的到来。

OV7620 的帧率是 30 FPS,即摄像头每秒扫描 30 帧图像,每帧又分奇、偶两场,故每秒扫描 60 场图像。奇场中只扫描图像中的奇数行,偶场时则只扫描偶数行。

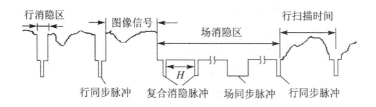

图 7 - 4　摄像头视频信号

5. 摄像头的主要指标

（1）分辨率

想要知道分辨率,先要知道像素。像素是指基本原色素及其灰度的基本编码。而分辨率指的是单位长度内包含的像素点的数量,单位一般为像素/英寸。因此摄像头分辨率是指摄像头解析图像的能力,也即摄像头的影像传感器的像素数。如果用来表示一幅图像的像素越多,就更接近原始的图像。如果我们说一个摄像头的分辨率为 640×480,即它有横向 640 像素和纵向 480 像素,因此其总数为 640×480＝307 200 即 30 万像素。

在实际应用中,摄像头的像素越高,拍摄出来的图像品质就越好,但另一方面也并不是像素越高越好。对于同一画面,像素越高的产品它的解析图像的能力也越强,但相对它记录的数据量也会大得多,所以对存储设备的要求也就高得多。

（2）帧　率

帧率指的是 1 s 内传输图像的张数,即每秒钟图像处理的刷新次数,通常用 FPS（Frames Per Second）来表示。每一帧都是静止的图像,快速而连续地显示帧就形成了运动的画面传输效果。当帧数达到一定水平时,图片更新的速度越快速,人眼就无法捕捉到画面之间的时间间隙,画面就会越流畅。一般来说,避免画面不流畅的最低帧率为 30FPS,当动态视频达到 60FPS（320×240）时,画面视频效果最佳。

6. OV7620

综上,本方案选用美国 OmniVision 公司的 1/3 英寸数字式 OV7620 CMOS 感光芯片的黑白图像传感器作为摄像头。其最大像素单元为 664（水平方向）×492（垂直方向）,有效像素为 640×480;帧率为 30FPS;支持连续和隔行两种扫描方式;支持VGA 和 QVGA 两种图像格式;数据格式包括 YUV、YCrCb、RGB 三种;内置 10 位双通道 A/D 转换器,输出 8 位图像数据;5 V 供电,工作时功耗小于 120 mW,待机时功耗小于 10 μW。

7.3.2　摄像头传感器的安装

摄像头方案机械设计的不同主要体现在摄像头传感器的安装上,其他舵机、编码器的安装基本同上一课题。以下介绍摄像头传感器的安装问题。

图 7 - 5 所示为摄像头在智能车上的示意位置。在安装时,要考虑摄像头距离转

向后的位置 D、高度 H 和俯仰角 θ。其中 D 影响了前瞻和整车的质心。D 越大，前瞻越近，质心靠后（驱动轮）；反之，D 越小，前瞻越远，易丢失近处黑线。因此，支架的位置应尽量安装在车体中间靠转向轮的地方。此外，H 即摄像头的架设高度一定要适宜。若架设过高，会导致小车的视野过大，看到的黑线变得太细，并且抬高车体的重心，使其快速过弯时容易翻车；若架设太低，又会影响前瞻，带来反光的问题，影响采样。根

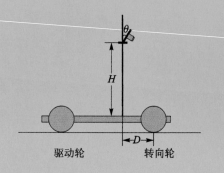

图 7-5　摄像头的安装示意简图

据经验值一般情况 H 取 25 cm 左右。俯仰角 θ 同样影响了前瞻距离，一般情况，前瞻取 70～150 cm 为宜。最后，安装摄像头的底座和支杆应使用刚度大、质量轻的材料，以防车体行进过程中产生晃动。

7.4　硬件设计

系统硬件结构总图如图 7-6 所示。

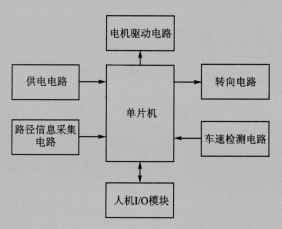

图 7-6　系统硬件结构图

7.4.1　单片机最小系统

单片机芯片采用 80 引脚的 16 位芯片 MC9S12XS128，其预留 64 个可用引脚分布见前文 6.4.1 小节。本方案中，其 I/O 口具体分配如下：

● PA 口用于摄像头传感器信号采集；

● PT7 用于车速检测的输入口；

● PWM 通道两两级联用于伺服舵机的控制信号输出和驱动电机的信号输出。

7.4.2　供电电路

在本系统中,统一供电为 7.2 V、2 000 mA 的蓄电池,如图 7 - 1(d)所示。而在各电路模块中,所需电压各有不同,因此需要有电源管理模块将 7.2 V 转换成其他幅值的电压。

首先单片机最小系统、摄像头、车速检测电路、按键显示等均为 5 V 供电。本系统所采用的舵机为 Futaba S3010 模拟电路伺服器,6 V 时扭矩达 6.5 kg cm,因此需要 6 V 供电。本系统采用的电机为 RS380,其空载电流为 0.5 A,最大电流为 3.29 A,额定电压为 7.2 V。虽然电机驱动电路是 5 V 供电,但有必要为其设计大电流电路。另外,考虑在程序调试时可能需要连接蓝牙、液晶等辅助设备,还需设计 3.3 V 供电的电路。

对于供电电路芯片的选择见 6.4.2 小节。本方案中仍然采用 TPS7350 来实现 7.2 V 转换为 5 V 的功能,并采用两片 TPS7350 的方式提供大电流 5 V 电源,如图 7 - 7(a)所示。采用 LM2941 实现 6 V 供电,如图 7 - 7(b)所示。其中根据 LM2941 的元件手册,输出端电压 V_{out} 的计算公式如下:

$$V_{out} = \frac{R_{18} + R_{19}}{R_{19}} V_{ADJ} \tag{7-1}$$

其中,V_{ADJ} 的典型值为 1.275 V。实际 V_{out} 值可以通过 R_{18} 调节大小。3.3 V 供电采用 TPS7333,电路图见图 7 - 7(c)。

7.4.3　路径信息采集电路

如前所述,采用数字 CMOS 摄像头 OV7620 作为路径采集传感器。OV7620 的引脚排布如表 7 - 1 所列。

表 7 - 1　OV7620 引脚说明

引脚符号	含　义	引脚符号	含　义
Y0~Y7	8 位灰度信号输出	HREF	行中断信号
SDA	SCCB 数据接口	VSYN	场中断信号
SCL	SCCB 数据时钟	VCC	5 V 工作电压
PCLK	像素同步信号	GND	地线
VTO	监控视频信号输出	FOOD	摄像头初始化完成信号输出

由前文已知,OV7620 的图像采集是按逐行扫描的方式。逐行扫描是将图像分为奇场和偶场,而 FODD 就是用来区分奇场还是偶场的同步信号。由于奇场采集奇数行,偶场采集偶数行,一帧图像先采集奇场后采集偶场,因此在实际使用时并不需要区分当前时刻是奇场还是偶场,从而此引脚不需连接。

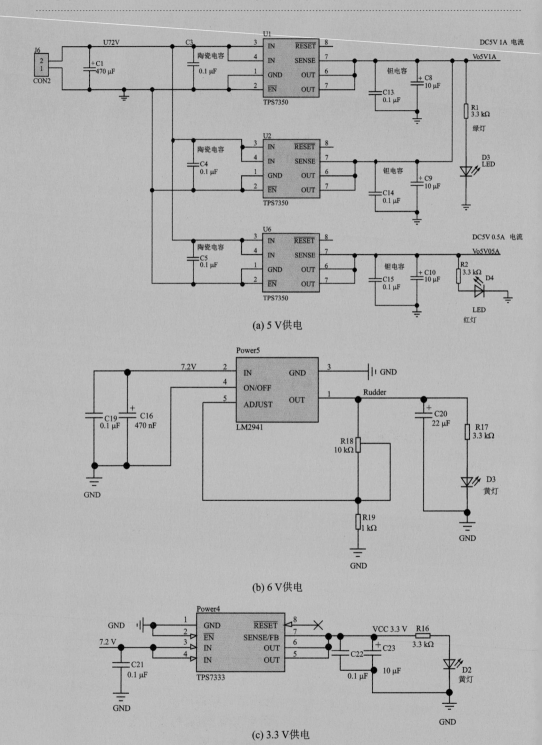

(a) 5 V供电

(b) 6 V供电

(c) 3.3 V供电

图 7-7　供电电路

VTO 引脚是模拟信号输出,在程序设计时不需与单片机连接,一般在调试时可以使用,即将摄像头当作监控器拍摄真实图像。

SDA(Serial Date)为数据线,SCL(Serial Clock)为时钟线,二者构成了 I^2C 总线的串行总线,可以发送和接收数据。而 OV7620 的控制采用的是 SCCB(Serial Camera Control Bus)协议,其总线时序与 I^2C 基本相同,只是有些细微的差别,可以理解为简化的 I^2C 协议。如果需要使用 SCCB 协议,可以通过单片机的通用 I/O 引脚来模拟 I^2C 协议,即将 SDA、SCL 引脚拉高使用,如图 7 - 8 所示。当然,SCCB 协议是用来对摄像头进行细致的配置的,就好

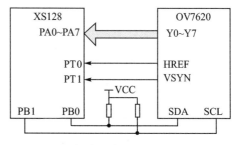

图 7 - 8　摄像头与单片机连接示意图

比我们使用照相机,要对照相机的各个参数进行具体设置,以使得得到的图像效果最佳。这在进行高质量的图像采集工作中是必须做的工作。而在此智能车路径识别中,由于赛道只是单纯的黑白两色,所以如果为了简化程序,选择 OV7620 的默认配置,即不使用 SCCB 协议,也是可以接受的。此时这两个引脚可以选择不接。

Y0~Y7 引脚为摄像头 8 位像素输出。在前面,我们知道 OV7620 的数据格式包括 YUV、YCrCb、RGB 三种。其中,RGB 是组成彩色的三基色,即如果想显示一个像素的颜色,每个像素都需要 3 个字节数据的 R、G、B 来表示。另外,由于人眼对明视度的改变比对色彩的改变要敏感,因此,也将 RGB 三色信号用 YUV 来表示。其中 Y 为灰度,U 和 V 为两个色度信号。这时一个像素点同样对应三个 Y、U、V 分量。在 OV7620 中,它实际原有两组并行的数据口 Y0~Y7 和 UV0~UV7,前者输出的是灰度值 Y,后者输出的是色度信号 UV,如图 7 - 9 所示。YCbCr 来源于 YUV 模型,其含义与 YUV 类似,只是在与 RGB 的转换公式中系数不同。

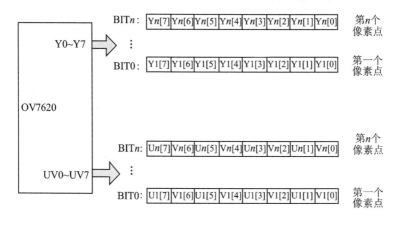

图 7 - 9　YUV 数据格式的传输方式

　　当然，在智能车赛道识别中，由于只需要区分黑白二色，灰度值即够用，因此在很多版本的智能车用 OV7620 摄像头中，UV0～UV7 引脚并未引出。因此，现在常见的 Y0～Y7 引脚实际上代表了图像的某个像素低的 8 位灰度值，通常将其接单片机 I/O 引脚，如图 7-8 所示的 PA 引脚。

　　剩下与摄像头时序相关的三个信号：场中断信号 VSYN、行中断信号 HREF 和像素中断信号 PCLK。图 7-10 展示了这三者之间的关系。可以看出，当 VSYN 为高电平时，说明新的一帧图像即将要传出；当 HREF 为高电平时，表示新的一行要传出；此时如果捕捉到像素时钟信号 PCLK 为高电平，此即为当前图像的第一个像素点，之后遇到一个像素时钟就接收一次数据，直到该行全部接收完。

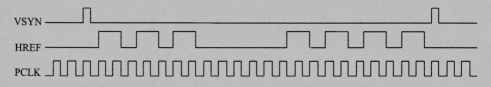

图 7-10　OV7620 摄像头时序信号

　　将这三个引脚接入示波器观测，可以得出这三个信号的周期。VSYN 的周期是 16.64 ms，1 s/(16.64 ms)=60 场，即 1 s 采集 60 场。VSYN 的高电平占 80 μs，在程序上，上升沿和下降沿都可以采集，一般采集下降沿。HREF 的周期为 63.6 μs，16.64 ms/(63.6 μs)≈262 行，除去间隙时间后每场图像有 240 行。HREF 的高电平为像素输出时间，占 47 μs；低电平为换行时间，因此程序上采集 HREF 必须采集上升沿。PCLK 的周期为 73 ns，47 μs/(73 ns)≈644 像素点，即每行图像约有 640 个像素点。PCLK 高电平时输出像素，低电平时无效，且其是一直输出，因此只要在触发 VSYN 和 HREF 后，捕捉到 PCLK 即可读出像素点。

　　然而，由于 PCLK 的周期只有 73 ns，约 13.7 MHz，如果使用 XS128 单片机从 I/O 口读信号再写入内存，速度跟不上。此时如果将单片机超频到 80 MHz，此并不是 XS128 推荐的稳定总线时钟，很有可能会造成单片机不稳定。当然，如果一定要捕捉 PCLK 信号，也可以在 SCCB 中对 PCLK 进行分频处理，将其降为微秒级；或者使用带有 DMA（Direct Memory Access）功能的单片机；或者将现有 16 位单片机再接一个 FIFO 进行缓冲。再者，如果想简化软硬件上的难度，也可以不去捕捉 PCLK 信号，可以在程序中利用延时将每行采集的像素点数量降低并均匀分布在一行上，这仅对于智能车的道路读取，也是可以的。此时，PCLK 不接，VSYN 和 HREF 接入单片机的定时中断引脚上即可，如图 7-8 所示。

　　其他电机驱动电路、车速检测电路、舵机控制电路的原理及设计与上一方案类似，在此不做赘述。

7.4.4　电路制作

　　综上，其电路原理图及 PCB 布局图如图 7-11 和图 7-12 所示。

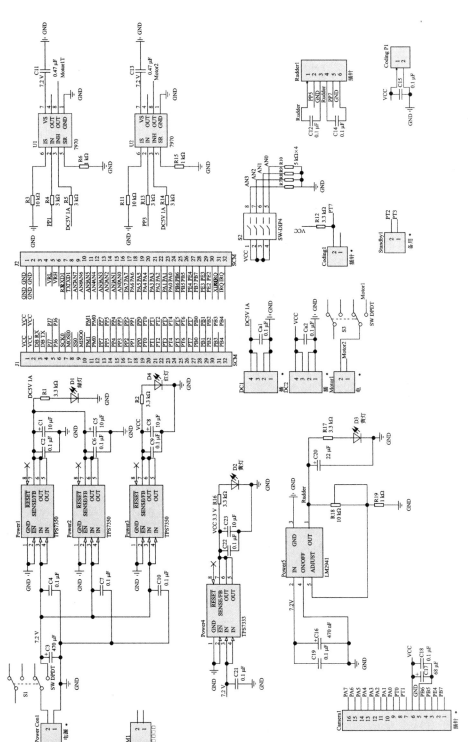

图 7-11　摄像头控制电路

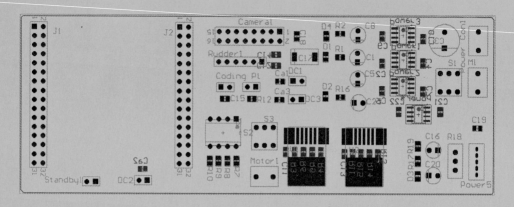

图 7 - 12　摄像头控制 PCB

7.5　软件设计

在摄像头方案的软件设计中,程序的主流程是:先完成单片机初始化(包括 I/O 模块、PWM 模块、计数模块),之后等待摄像头的行场中断。

主程序流程图如图 7 - 13 所示。

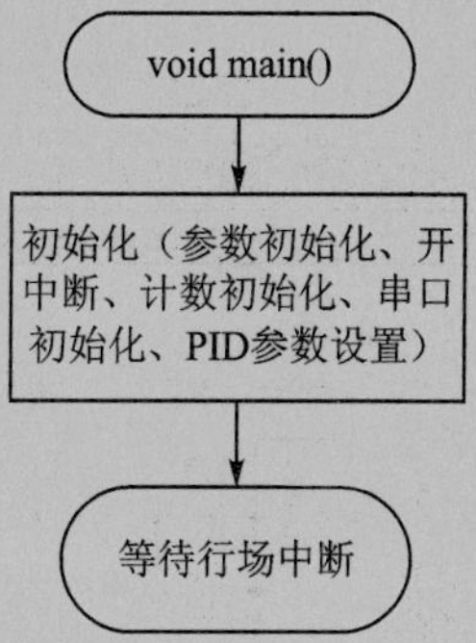

7.5.1　初始化子程序

初始化算法主要包括锁相环初始化、I/O 端口初始化、脉冲宽度调制(PWM)初始化、计数初始化、串口初始化以及各变量和常量初始化。

(1) 锁相环初始化

程序中通过设置 PLL 的 SYNR 和 REFDV 寄存器设置单片机总线时钟为 48 MHz(外部晶振为 16 MHz)。PLL 的含义及具体设计方法见第 6 章。

(2) 端口初始化

对数据的输入/输出引脚进行初始化。

```
void PORT_Init(void)
{
    DDRB = 0x00;                    //定义 B 口为输入
    DDRA = 0x00;                    //定义 A 口为输入
}
```

(3) TIM 初始化

由前文可知,摄像头的数据采集有行中断信号 HREF、场中断信号 VSYN,分别

void main()

↓

初始化(参数初始化、开中断、计数初始化、串口初始化、PID参数设置)

↓

等待行场中断

图 7 - 13　主程序流程图

接于 TIM 模块的 PT0 和 PT1,因此必然要对 TIM 模块进行初始化。另外,在上一方案中,我们对测速的方法是采用 PIT 模块产生周期定时,利用 TIM 的脉冲累加功能进行速度信号采集。但此时,由于摄像头的行场中断,这里便产生了三个中断。在编程设计中,要对这三个中断进行时序和优先级的安排,否则系统的图像采集功能和测速功能就会互相影响。

如果仍然延续上一方案,则考虑到 VSYN 的周期约为 16 ms,因此可以在一场传完后,打开 PIT 中断,并且在不超过 16 ms 的时间内处理完 PIT 中断子程序返回即可。还有一种方式是既然 TIM 捕捉到 VSYN 和 HREF 后产生中断,那么全部程序就保留这样两个 TIM 中断,并在场中断中进行测速及其他功能子函数的调用。这里根据后者给出示例。

```
void TIM_Init(void)
{
    TIOS = 0x00;            //TIM 8 个通道设置为输入捕捉
    TSCR1 = 0x80;           //如果要使用 TIM 的 IC/OC 功能,TEN 必须置位
    TCTL4 = 0x09;           //PTI1 通道设为下降沿捕捉,PT0 通道设为上升沿捕捉
    TIE = 0x03;             //PIT0 和 PIT1 开中断
    TFLG1 = 0xFF;
    PACTL = 0x40;           //01000000,脉冲累加器 A 使能,事件计数方式,不分频,记录下降沿
                            //无溢出中断、输入中断
    PACNT = 0x0000;         //脉冲累加器 A 清零
}
```

（4）PWM 初始化

PWM 初始化主要包括以下 6 个步骤:禁止 PWM;选择时钟;选择极性;选择对齐模式;对占空比编程;对周期编程。在下面代码中,初始化了 3 个 16 位的 PWM 通道:通道 1、通道 3 用于控制电机;通道 5 用于控制舵机,控制周期为 20 ms。初始时,舵机占空比需要经过调试,使得舵机处于中值位置。

```
void PWM_Int(void)
{
    PWME = 0x00;            //关闭 PWM 使能
    PWMPRCLK = 0X00;       //clockA, CLK B 不分频,clockA = CLK B = busclock = 48 MHz
    PWMSCLA = 0x18;        //对 clock A 进行 48 分频,SAclock = clockA/(2 * 24) = 1 MHz
    PWMSCLB = 0x18;        //对 clock B 进行 48 分频,SBclock = clockB/(2 * 24) = 1 MHz
    PWMCLK = 0xff;         //通道 1、5 选择 SA 作为时钟源,通道 3、7 选择 SB

    PWMPOL_PPOL1 = 0;      //先输出高电平,计数到 DTY 时,反转电平
    PWMPOL_PPOL3 = 1;      //先输出高电平,计数到 DTY 时,反转电平
```

```
            PWMPOL_PPOL5 = 1;          //先输出高电平,计数到 DTY 时,反转电平
            PWMCAE = 0x00;             //输出左对齐
            PWMCTL = 0xff;             //4 个 PWM 级联

            PWMCNT01 = 0;              //计数器清零
            PWMCNT23 = 0;
            PWMCNT45 = 0;
            PWMCNT67 = 0;

            PWMPER01 = 200;            //SA/200 = 5 000,1/5 000 = 0.2 ms
            PWMDTY01 = 0;
            PWMPER23 = 200;            // SB/200 = 5 000,1/5 000 = 0.2 ms
            PWMDTY23 = 0;
            PWMPER45 = 20000;          // SA/20 000 = 50,1/50 = 20 ms 周期 20 ms, 50 Hz
            PWMDTY45 = 300;            //约为舵机中值高电平时间(为 ms)
        PWME = 0xff;                   //使能 PWM
            }
```

（5）串口通信初始化

在智能车系统设计调试中,往往需要一些辅助调试手段,如串口方式或 SD 卡方式,以便了解当前智能车的车速、舵机转角、赛道信息等。采用 RS-232 进行串口调试是最简便也最常见。因此为了实现单片机与 PC 之间的串口通信,需要配置 XS128 中的 SCI 相关寄存器。以下仅为 SCI 的初始化模块,不含数据传输。注意在进行串口传输之前需要关闭行场中断。

```
void SCI0_Init()
{
SCI0BD = 2500;       //总线时钟频率为 24 MHz,设置波特率为 9 600
SCI0CR1 = 0X00;      //正常工作模式,8 位数据位,禁止奇偶校验
SCI0CR2 = 0X0C;
}
```

7.5.2　图像采集子程序

由前文知 OV7620 的有效像素为 640×480,即水平方向 640 个像素点,垂直奇偶两场共 480 行。但是又知像素中断信号 PCLK 的频率过快,对于 XS128 稳定的总线时钟来说,不易捕捉。因此可以在捕捉到行信号 HREF 后,即开始读取每行的像素点。对于 48 MHz 的总线时钟来说,最快可以捕捉约 400 个像素点。那这 400 个点是否够用呢? 这与前面分析激光头的排布是一样的,过密的点可以较精确地捕捉图像信息,但同时需要耗费单片机大量的时间进行数据处理,过疏的点单片机算法处理起来简单些,但也同样可能会丢失一些关键信息。所以只要能选取合适的像素采

集点数,使这二者得到折中的效果即可。在实际调试中,需要将车放于赛道中央,将采集的数据通过上位机读出,行基本能覆盖整个赛道的最少像素点数最佳。这里我们假设选取每行采集 120 个像素点,采集的方法即发生行中断后,通过语句延时进行采集,如下程序所示。

同样地,采集的行数也是需要根据实际情况进行选择的。OV7620 每场共 240 行数据,但是实际并不需要这么多行。选取的原则一方面是根据上位机观测要尽可能涵盖较远和较近的行数,以保证前瞻和当前路径;另一方面要考虑到单片机的实际处理时间,即在下一场数据到来之前将路径信息提取出来。

在行数的采集上首先选择从某行开始到某行结束这段行的区域,表 7-2 列出常见的 OV 系列 CMOS 摄像头其行数的时序参数供参考选择。可以发现,一般会选择 23～310 行之间,并在这个区域中再通过上位机进行筛选。筛选也有几种策略,均匀分布、近密远疏、近疏远密等,几种筛选方式各有优劣,可以根据实际情况作出调整。这里假设共采集 40 行,均匀分布,如下程序所示。

表 7-2　常见的 1/3 OV CMOS 摄像头的时序参数

信号属性	行　数	行持续时间/μs	行同步脉冲持续时间	消隐脉冲持续时间/μs
场消隐区	1～4	23		3.5
	5	27.3		8
	6	37.3		3.5
	7～10	29.8		3.5
	11～22	64		4.7
视频信号区	23～310	64	4.7	
场消隐区	311～314	64		4.7
	315	64		3.5
	316～319	29.8		3.5
	320	53.4		28

行中断采集:

```
interrupt 8 void HREF_Count(void)
{
    TFLG1_COF = 1;          //清行中断
m ++ ;                      //记录一场中该行的行数
    if ( m<ImStart||m>ImEnd) //ImStart 是一场图像中开始采集的行数,ImEnd 是一场
                             //图像停止采集的行数
    {
        return;              //判断是否从新的一场开始
    }
```

```
        if(r> = ROW)              // ROW 为总共采集的行数
        r = 0;
        if(m == B[r])             //如果当前行是需要采集的行
        {
            IOC_Contrl();         //像素点采集
            Line_C ++ ;           //行数
            r ++ ;                //行数
        }
        return;
}


void IOC_Contrl(void)
{
        delay(14);
        Image_Data[Line_C][0] = PORTA;
        Image_Data[Line_C][1] = PORTA;
            ⋮
        Image_Data[Line_C][119] = PORTA;
}
```

场中断采集：

```
interrupt 9 void VSYN_Interrupt(void)
{
    TFLG1_C1F = 1;                //清场中断
    TFLG1_C0F = 1;                //清行中断
    g_speed = PACNT;             //车速度值
    PACNT = 0X0000;              //对十六位脉冲计数器清零
    Line_C = 0;                  //行计数器清零

    a ++ ;                       //记录场数
    if(a>180&&a % 2 == 0)        //只处理一场，为数据处理留出时间
    {
    Black_Deal();                //提取黑线
    Position_Judge();            //路径信息判断
    PID_COUNT() ;
    steer_control();
    speed_control();
    }
    m = 0;
}
```

此处的场中断程序，将黑线处理，舵机、电机控制等子程序也放于其中，其实并不

符合一般的中断处理程序,因为中断处理程序中不应有较多的子程序调用。但是这里无论是将其放于主程序还是场中断程序,都应通过实测保证子程序的调用处理不会影响下一场数据的接收处理。通常特别在进行黑线提取中为了保险需要先将场中断关闭。

7.5.3　图像处理子程序

1. 二值化

由前文知,摄像头采集回的是灰度信息,分 0～255 个级别,0 为全黑,255 为全白,如图 7-14 所示。

为了在上位机采集信息或进行黑线提取时简便易行,通常会进行二值化处理。即确定一个阈值,大于此阈值则认为是白色,赋 0 或 1;小于此阈值认为是黑色,赋 1 或 0。这样原来 256

全黑(0)　　　　　　　　全白(255)

图 7-14　摄像头采集的灰度图

个级别的灰度就变成只有 0、1 的二值信息了。在阈值的设定上也有策略,可以是固定的一个值,一般认为在 100～200 之间,但是阈值与现场的光感有关,这样在更换场地时需要调整阈值。或者设置为动态阈值,即在一帧图像的采集点中,选取最大和最小的点,取其平均值或相加后乘以某一加权系数作为阈值。

另外,还有硬件二值化。因为灰度的变化实际上就是电压的变化,因此可以用电压比较器对摄像头采集的信号进行比较,这就需要有一定的硬件设计能力,并且也同样会存在场地适应性的问题。当然,如果程序对数据的处理时间要求比较紧凑,二值化也不一定必须使用。以下讲解的图像特征提取部分是在不使用二值化的基础上,但是对二值化的程序一样具有借鉴作用。

2. 图像特征提取

由前文已知,现在在 Image_Data 这个数组中存放了 40 行×120 列个像素点,如果摄像头为正向安装,那么最远处为第 1 行,靠近车为第 40 行(见图 7-15);如果摄像头为反向安装,那么最远处为第 40 行,靠近车为第 1 行。在进行图像特征提取时,一般可以先处理离车最近的那几行(一般为 10 行左右),提取到这几行的中线后,以此为基准,在一定的搜索范围内提取剩下那些行的中线用来判断路径方向;或者在前瞻合适的情况下(不能过远,需实际调试),可以先处理远离小车的那几行(一般为 3～5 行),用来判断前方的路径趋势,而后同样在一定的搜索范围内提取剩下那些行的中线,用来确定路径偏离的距离。两种方式都可以,但是其中相当多的判断参数是需要根据实际来进行调整的。下文以后者为例进行阐述。

选取离车较远的 3 行进行中线提取,提取一个中间位置作为剩下行数的基准位置。图 7-16 所示为某一行的像素采集点的曲线示意图,凹槽部分即为黑线位置,可以看出由于黑线的灰度值远小于白色区域,因此黑线到白线的过渡时必然有跳变,所以通常可以采用跳变法即边缘检测法进行识别,流程图如图 7-17 所示。

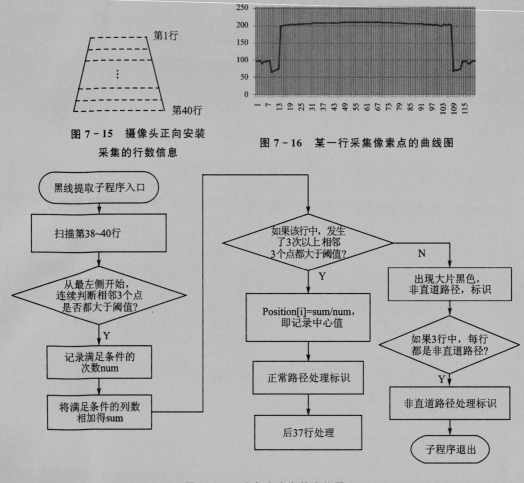

图 7 - 15　摄像头正向安装
采集的行数信息

图 7 - 16　某一行采集像素点的曲线图

图 7 - 17　跳变法确定基准位置

在如图 7 - 17 所示的流程图中,需要注意的几点如下:

① 图中的扫描第 40～38 行,是基于摄像头反向安装判断较远处路径趋势的。首先如上文已述,也可以先判断离车最近的若干行;其次 3 行不是固定的,可以根据实际做出调整。

② 取相邻 3 个点的做法在于实际中黑白道路边沿可能会有模糊偏差,导致阈值并不是正好介于相邻的两个点之间,很有可能相隔两个点。

③ 第二个判断如果没有发生 3 次以上,3 次是根据实际调试而确定的数。如果小于这个数,即前方看到大量黑色,可能发生车已经要冲出道路等状况,此时需要做出方向改变的处理。几次的选择也与黑线占的列数宽度有关,即与摄像头的架设高度和角度有关。架设越高,或者越远的地方线越细,占的列数越少,那么判断发生的次数就低;架设越低或者越近的地方线越粗,占的列数越宽,那么判断发生的次数就越高。

④ 图 7 - 17 中的流程图仅仅是跳变法中若干种策略的一种示意,实际还有很多其他的方式,读者可以参阅其他文献,此处不再赘述。

利用前几行确定图像中心基准后,后面若干行的处理就可以以基准为中心,确定一定的搜索范围后,进行黑线提取,此即为重心法,如图 7 - 18 所示。

在重心法的流程图中,可以看出,一旦前方路线的基准确定,后面 37 行进行提中线时如果依然出现了大量黑色的情况,就认为这一行是杂波,是要进行滤波处理的。这就要求对先前 3 行的基准位置严格确定。所以这种以前几行为基准,后若干行按一定搜索范围进行扫描的算法,对前几行的实际调试尤为关键。根据中心位置确定路径信息流程图如图 7 - 19 所示。

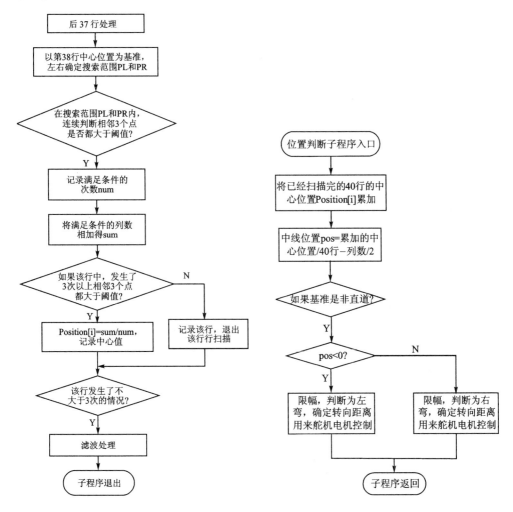

图 7 - 18　重心法确定后若干行中心位置　　　**图 7 - 19　根据中心位置确定路径信息**

以上为基本的算法处理,有时当路径复杂时,为了获得更精准的图像特征还需要添加滤波算法。关于滤波算法可参阅其他文献。

其他有关 PID 控制、舵机控制、速度控制可以参见第 6 章的阐述。

7.6　课后思考

① 根据软硬件分组，完成整套系统设计。

② 使用 PID 控制算法完成系统的方向控制与速度控制。

③ 任使用一种软件（Labview/VC 等），自行编制一个上位机调试软件。

④ 参照图 6-37 中的道路信息，给出相应的算法设计使得能够提取路径，并在上位机软件中完成调试。

参考文献

[1] 胡寿松.自动控制原理[M].6 版.北京：科学出版社，2013.

[2] 吴怀宇，程磊.大学生智能汽车设计基础与时间[M].北京：电子工业出版社，2008.

[3] 蔡述庭."飞思卡尔"杯智能汽车竞赛设计与实践——基于 S12XS 和 Kinetis K10[M].北京：北京航空航天大学出版社，2012.

[4] 张阳.MC9S12XS 单片机原理及嵌入式系统开发[M].北京：电子工业出版社，2011.

[5] 隋金雪，杨莉，张岩."飞思卡尔"杯智能汽车设计与实例教程[M].北京：电子工业出版社，2014.

[6] 谷树忠，侯丽华，姜航.Protel 2004 实用教程——原理图与 PCB 设计[M].北京：电子工业出版社，2008.

[7] 王庆友.光电传感器应用技术[M].2 版.北京：机械工业出版社，2014.

[8] 摄像头 OV7620 介绍[EB/OL]. [2015-12]. http://wenku.baidu.com/link? url = W9GMj740xMnyQrsEhvt3DPhizIEggPsTXdKfS1gTJ7LVC6HabW3BMu R_pXRnxgQEjGs8_G3pe4bkIoFn2IZLJPu-wAh8VweHbIq8sS1DiVm.